变电设备状态检测实例

国网宁夏电力公司电力科学研究院 编

U0300126

中国电力出版社
CHINA ELECTRIC POWER PRESS

内 容 提 要

  本书收集了近年来宁夏电网设备状态检测的案例，分为变压器状态检测典型案例、GIS 状态检测典型案例、开关柜状态检测典型案例、其他设备状态检测典型案例 4 章，共 34 例，通过对每个案例的案例经过、检测分析、处理及分析、经验体会等进行详尽的阐述，为变电设备状态检测提供了帮助。

  本书适合变电设备状态检测相关工作人员阅读，也可作为高等院校相关专业师生的课外读物。

图书在版编目（CIP）数据

变电设备状态检测实例/国网宁夏电力公司电力科学研究院编．—北京：中国电力出版社，2017.12
ISBN 978 - 7 - 5198 - 1358 - 1

Ⅰ．①变…　Ⅱ．①国…　Ⅲ．①变电所－电气设备－检测　Ⅳ．①TM63

中国版本图书馆 CIP 数据核字（2017）第 275970 号

出版发行：中国电力出版社
地 址：北京市东城区北京站西街 19 号（邮政编码 100005）
网 址：http：//www.cepp.sgcc.com.cn
责任编辑：肖 敏（010-63412363）　贾丹丹
责任校对：常燕昆
装帧设计：张俊霞　左 铭
责任印制：邹树群

印 刷：北京九天众诚印刷有限公司
版 次：2017 年 12 月第一版
印 次：2017 年 12 月北京第一次印刷
开 本：787 毫米×1092 毫米　16 开本
印 张：8
字 数：154 千字
印 数：0001—1500 册
定 价：45.00 元

编 委 会

前　言

近年来，随着特高压直流电网、超高压交流电网及智能电网的不断发展，对电网设备的性能和运行可靠性均提出了更好的要求，设备检修由定期检修逐步实现向状态检修的转变，状态检测得到越来越广泛的应用。电网设备状态检测的目的是采用有效的状态检测手段捕捉设备异常时"声、光、电、磁、热"等参数的变化，运用分析诊断技术，及时、准确地掌握设备运行状态，保证设备的安全可靠运行。

本书通过对近年来宁夏电网设备状态检测案例进行收集，筛选典型案例34例，按照设备类型分为四大部分，包括变压器类设备、GIS、开关柜及其他设备，检测技术涉及特高频局部放电、超声波局部放电、高频局部放电、暂态地电压检测、红外成像检测、X射线成像检测、SF_6气体检测等10余种带电检测技术，对每个案例的经过、检测分析及解体结果等方面进行详尽的阐述，有助于国网宁夏电力公司状态检测工作整体水平的提升。

本书是在国网宁夏电力公司运维检修部的主持下，由国网宁夏电力公司电力科学研究院、国网宁夏电力公司检修公司及各供电公司具体实施完成。由于编者水平和时间有限，疏漏之处在所难免，恳请各位读者批评指正。

编者

2017 年 7 月

目　录

变压器状态检测典型案例

1.1 灵州±800kV 特高压换流变电站换流变压器悬浮放电缺陷

▶▶设备类别：【换流变压器】
▶▶单位名称：【国网宁夏电力公司电力科学研究院】
▶▶技术类别：【油色谱检测，特高频、高频、超声波局部放电检测】

1.1.1 案例经过

2016 年 6 月 28 日，灵州±800kV 特高压换流变电站极 Ⅱ 高端换流变压器进行试运行，试运行大约 12h 后油色谱在线监测装置检测出乙炔。6 月 30 日，10：00 左右开始试运行，空载状态运行大约 10h 后，20：10 停止，在线监测及离线油色谱数据显示乙炔含量明显超出标准规定的注意值。为进一步分析缺陷性质及部位，7 月 1 日，19：30～22：00 极 Ⅱ 高端换流变压器再次进入试运行，国网宁夏电力公司电力科学研究院对 YYC 相换流变压器进行空载状态下局部放电定位，采用高频局部放电、特高频局部放电及超声波局部放电带电检测分析 YYC 相换流变压器内部存在悬浮电位放电现象，并定位分析局部放电信号源来源于换流变压器 M 型升高座柱 2 与柱 3 之间变压器铁轭部位，原因可能为换流变压器上部铁轭处存在导体接触不良或断线、金属接触不良（如螺帽接触不良）、金属异物等，局部放电测试结果与油色谱数据相吻合。7 月 3、4 日，ABB 厂家对 YYC 相换流变压器进行解体检查，采用内窥镜检查发现换流变压器铁芯柱的 2AC 侧拉板与上轭末级片导通，并且存在放电痕迹，与带电检测定位结果一致。

1.1.2 检测分析

1. 油色谱检测

2016 年 6 月 28 日，灵州±800kV 特高压换流变电站极 Ⅱ 高端换流变压器在线监测及离线油色谱数据见表 1-1。

表 1 - 1　　　　　　　　　　　　　6 月 30 日试运行后离线检测油色谱数据

取样日期	取样时间	油样位置	氢气(H_2)	甲烷(CH_4)	乙烷(C_2H_6)	乙烯(C_2H_4)	乙炔(C_2H_2)	总烃(ΣC)	一氧化碳(CO)	二氧化碳(CO_2)	备注
2016年6月30日	21：00	本体顶部	8.12	2.34	0.06	0.36	**5.66**	8.42	23.7	159.8	2016年6月30日20：10停止试运行，运行大约10h后
		本体中部	7.78	5.08	0.07	0.36	**5.33**	10.84	22.46	186.92	
		本体底部	8.34	1.74	0.06	0.35	**6.05**	8.2	25.29	160.25	
		网侧 A 升高座	5.25	4.39	0.8	2.05	**7.67**	14.91	16.09	571.6	
		中性点升高座	5.37	6.19	0.18	0.68	**4.92**	11.97	22.64	340.28	
		阀侧升高座 a	6.64	3.56	0	0	**0.81**	4.37	23.6	567.1	
		阀侧升高座 b	5.75	4.93	0	0	**0**	4.93	13.11	445.89	
		1 号有载调压箱	7.12	5.87	0	0	**1.61**	7.48	14.44	360.07	
		2 号有载调压箱	6.74	6.08	0	0	**1.88**	7.96	19.74	277.73	
		3 号有载调压箱	6.53	3.47	0	0	**1.63**	5.1	20.1	287.45	

注　加粗字表示乙炔含量超出标准规定的注意值，红字表示油色谱检测位置及乙炔含量最高值。

7 月 1 日 19：30～22：00，极 Ⅱ 高端换流变压器再次进入试运行，试运行后，7 月 2 日取样进行油色谱分析，数据见表 1 - 2。

表 1 - 2　　　　　　　　　　　　　7 月 2 日离线检测油色谱数据

取样日期	取样时间	油样位置	氢气(H_2)	甲烷(CH_4)	乙烷(C_2H_6)	乙烯(C_2H_4)	乙炔(C_2H_2)	总烃(ΣC)	一氧化碳(CO)	二氧化碳(CO_2)	备注
2016年7月2日	10：00	本体顶部	15.34	10.23	6.74	2.79	**13.1**	32.84	28.78	180.48	2016年7月1日，19：30加压进行局部放电定位，22：00停止
		本体中部	12.67	3.59	0.38	0.59	**8.54**	13.1	27.16	176.15	
		本体底部	12.51	1.66	0.09	0.67	**9.71**	12.13	25.12	167.21	
		网侧 A 升高座	17.33	11.45	0.07	0.85	**17.9**	30.26	24.01	551.26	
		中性点升高座	16.15	4.52	0.11	0.74	**13.8**	19.18	32.68	371.28	
		阀侧升高座 a	16.81	3.7	0	1.19	**12.8**	17.65	28.44	576.12	

注　加粗字表示乙炔含量超出标准规定的注意值，红字表示油色谱检测位置及乙炔含量最高值。

由表 1 - 2 中色谱数据分析可以看出，三次空载试运行后，YYC 相换流变压器内部乙炔含量逐渐上升，并且网侧 A 升高座取样位置乙炔含量最高，达 17.9μL/L，分析变压器内部存在电弧放电故障。

2. 局部放电检测

（1）局部放电巡检测试。

1）异常高频信号分析。采用高频检测方式进行测试，将高频电流传感器分别卡与 YYC 相换流变压器铁芯接地及 YYB 相换流变压器铁芯接地处进行测试，现场测试照片测试数据如图 1 - 1 所示。

高频测试结果可以看出，换流变压器 YYC 相高频局部放电异常，幅值为 74dB，具有悬浮特征，并且与 YYB 相相比，YYC 相高频幅值明显较高。

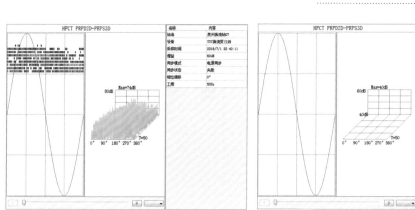

（a）　　　　　　　　　　　　　（b）

图 1-1　高频局部放电测试结果

（a）YYC 相换流变压器高频测试数据；（b）YYB 相换流变压器高频测试数据

2）异常超声波信号分析。采用超声波局部放电检测方式进行测试，分别在变压器壳体、M 型升高座部位进行超声检测，检测发现变压器顶部位于柱 2 及柱 3 中间略偏向于柱 2 的部位（见图 1-2 中红圈）超声局部放电异常，检测图谱如图 1-2～图 1-5 所示。

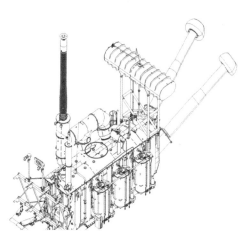

图 1-2　超声波测试位置示意图

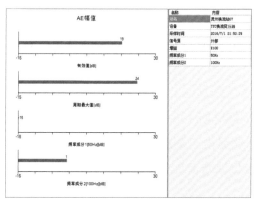
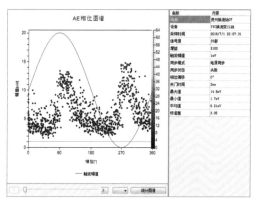

图 1-3　超声波测试连续图谱　　　　　　图 1-4　超声波测试相位图谱

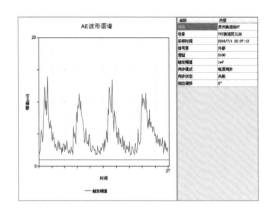

图1-5 超声波测试时域图谱

由图1-3～图1-5可以看出，超声波连续图谱幅值较大，频率成分2明显高于频率成分1，相位呈现两簇聚集，时域每周期呈现两个波峰，具有悬浮电位放电特征。

（2）高频、特高频、超声波联合定位分析。将特高频传感器放置于变压器各升高座部位法兰缝隙、高频局部放电传感器分别布置于铁芯引出线及换流变压器外部接地扁铁，超声波传感器分别布置于变压器升高座壳体及顶部壳体，进行联合定位分析。

1）步骤一。将高频传感器分别布置于铁芯引出线及换流变压器外部接地扁铁，测试结果如图1-6所示，其中绿色为铁芯引出线、黄色为外部接地信号。

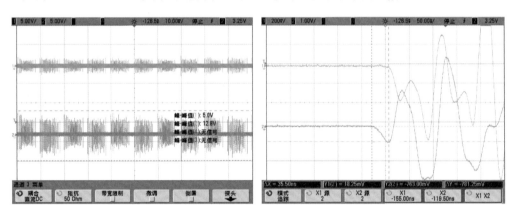

图1-6 高频局部放电测试信号

由测试结果可以看出，高频局部放电测试每周期20ms呈现出多根组成的两簇信号，呈现悬浮电位特征，绿色传感器信号幅值明显高于黄色传感器信号，并且绿色传感器信号超前于黄色传感器信号，表明悬浮电位缺陷来自于变压器非外部干扰传入高频信号。

2）步骤二。将超声传感器布置于M型升高座，未见异常超声波信号。特高频传感器分别布置于 M 型升高座法兰缝隙，如图 1-7、图 1-8 所示。

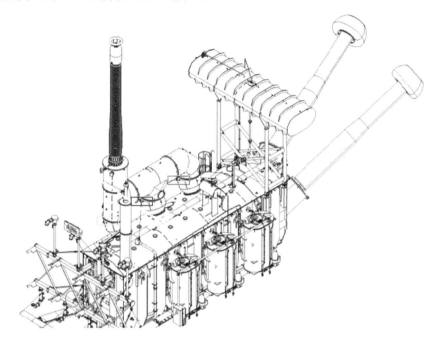

图 1-7　特高频及高频传感器定位布置形式（一）

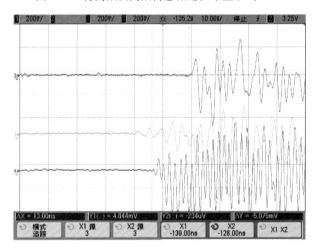

图 1-8　时差定位分析

测试结果可以看出，以高频局部放电信号为触发源，定位分析黄色、红色传感器均超前于蓝色传感器，并且黄色传感器信号与红色传感器信号较接近，确定信号源位于柱 2 与柱 3 之间，并且位于红色传感器高度以下。

3）步骤三。将特高频传感器、超声波传感器按图 1-9 布置，高频传感器（见图1-9 中绿色圆圈）夹在变压器铁芯引出线，超声波传感器（见图 1-9 中黄色圆圈）位于变压器柱 2 与柱 3 之间变压器顶部、特高频传感器（见图 1-9 中红色方框）位于柱2 升高座法兰缝隙处，测试结果如图 1-10 所示。

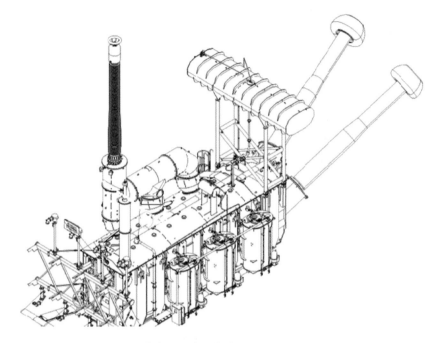

图 1-9　特高频及高频传感器定位布置形式（二）

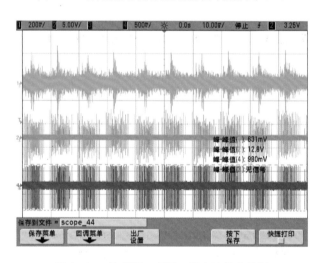

图 1-10　特高频、高频、超声波综合分析

　　由测试结果可以看出，以高频局部放电信号为触发源，高频信号、特高频信号及超声波信号具有对应性，即每周期产生两簇高频局部放电信号时对应产生两簇特高局部放电信号及超声波信号，结合超声波信号衰减特点，进一步定位确定悬浮缺陷部位接近超声波传感器部位。

　　根据灵州±800kV 特高压换流变电站极Ⅱ高端 YYC 相换流变压器特高频局部放电、高频局部放电及超声波局部放电测试结果可以看出，极Ⅱ高端 YYC 相换流变压器内部存在悬浮电位放电现象，综合分析判断异常信号来源于换流变压器内部，并且位于换流变压器柱 2 与柱 3 之间靠近变压器顶部，具体部位见图 1-11 中红色标记部位。

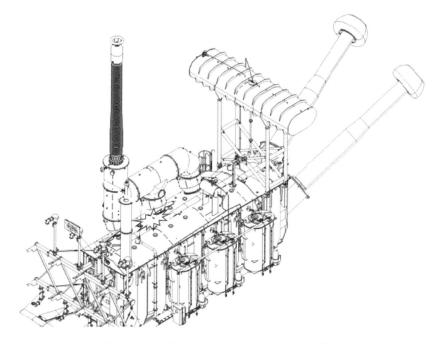

图 1-11 局部放电定位确定疑似悬浮电位部位

1.1.3 处理及分析

2016 年 7 月 2 日，国网直流建设部在灵州±800kV 特高压换流变电站组织 YYC 相换流变压器缺陷分析会，国网宁夏电力公司运维检修部、国网宁夏电力科学研究院、ABB 厂家等单位参与。7 月 3、4 日，ABB 厂家在现场对换流变压器采取拆除网侧套管及升高座方式进行检查，采用内窥镜检查发现换流变压器铁芯的柱 2AC 侧拉板与上轭末级片导通，并且存在放电痕迹，检查结果如图 1-12、图 1-13 所示，缺陷部位与带电检测定位结果一致。

图 1-12 缺陷定位部位内窥镜检查结果

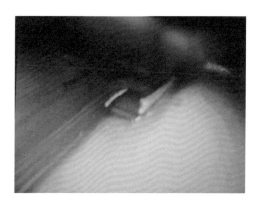

图 1-13 换流变压器拉板与上轭末级片导通

1.1.4　经验体会

（1）带电检测可有效发现电气设备内部的潜伏性故障或缺陷，各种不同的带电检测手段对缺陷的灵敏度不同，测试时应结合各种测试手段综合判断。

（2）变压器类设备局部放电带电检测应结合高频局部放电、特高频局部放电、超声波局部放电进行综合分析，需根据三种不同信号之间的关联性确定缺陷性质及部位。

（3）对于带电检测过程中发现的缺陷，应采取闭环管理措施，采取"谁检测，谁负责，谁跟踪"原则，对缺陷验证提供有效帮助。

1.2　沙湖750kV变电站750kV川湖Ⅱ线C相电抗器悬浮电位放电缺陷

▶▶设备类别：【并联电抗器】

▶▶单位名称：【国网宁夏电力公司电力科学研究院】

▶▶技术类别：【油色谱检测，特高频、高频局部放电检测】

1.2.1　案例经过

2015年8月，沙湖750kV变电站川湖Ⅱ线电抗器油色谱在线监测捕捉到C相电抗器有乙炔出现，出现频次逐渐加密且超过$1\mu L/L$的报警值，9月1～8日离线检测跟踪分析，乙炔最大值达$7.76\mu L/L$。结合三比值法及绝对产气率判断设备内部电弧放电故障一直持续存在，并有进一步劣化趋势。采用高频局部放电、特高频局部放电及超声波局部放电带电检测分析川湖Ⅱ线C相电抗器内部存在间歇性的悬浮电位放电现象，并定位分析原因可能为电抗器上部铁轭处存在导体接触不良或断线、金属接触不良（如螺帽接触不良）、金属异物等。9月9日以后数据分析判断故障发展变缓，电抗器运行过程中严密监视跟踪油色谱指标发展趋势。2016年1月6～23日，更换川湖Ⅱ线C相电抗器，并对被更换的原川湖Ⅱ线电抗器返厂进行吊芯检查。解体检查发现电抗器夹件引出线与夹件连接部位压接螺栓松动，并且夹件引出线线鼻子与压接螺栓垫片之间存在电腐蚀痕迹，与带电检测定位结果相吻合。为进一步验证缺陷性质，在实验室采用模拟试验方式对螺栓松动情况进行验证，验证情况与解体检查缺陷部位特征一致。

1.2.2　检测分析

1. 油色谱检测

2015年7月31日，沙湖750kV变电站750kV川湖Ⅱ线电抗器投入运行。新投运变压器（电抗器）油色谱监测装置采样周期设置为每4h一次，每天采集6组数据。8月15、18、28、29、30日，在线监测捕捉到C相电抗器有乙炔偶尔出现，出现频次逐渐加密且超过1μL/L的报警值，达到1.468μL/L。油色谱在线装置发现乙炔含量持续增长，国网宁夏电力公司检修公司及电力科学研究院进一步进行离线检测跟踪分析，截至2015年9月19日，乙炔含量值为7.31μL/L，其中最大值为7.76μL/L（9月16日），乙炔增长趋势如图1-14所示。

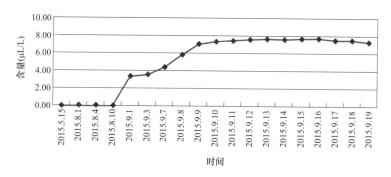

图1-14 沙湖变电站750kV川湖Ⅱ线C相电抗器乙炔含量变化趋势

根据绝缘油色谱跟踪数据可以看出，乙炔、氢气、甲烷、乙烯、乙烷、总烃均呈快速增长趋势，甲烷和乙炔在总烃含量中占据近80%，氢气含量也较大。

2. 局部放电检测

2015年9月11日，对750kV川湖Ⅱ线C相电抗器异常信号进行复测和定位分析，高频信号有间歇性并相对较连续，对应高频信号有特高频信号出现，经定位分析判定信号来自设备内部，确定设备内部有放电现象。超声波测试，检测到机械振动信号，并伴有非振动信号的间歇性异常超声波信号，与高频信号无必然联系。

（1）异常高频信号分析。采用高频检测方式进行测试，将高频电流传感器卡于铁芯接地及夹件接地，现场测试照片测试数据如图1-15所示。

从图1-15测试数据分析，此放电有一定的间歇性，放电类型为悬浮电位放电；从单个脉冲信号分析，信号可能来自设备内部。

将绿色高频传感器卡于750kV川湖Ⅱ线C相电抗器周围较近的其他接地铜排处（如750kV川湖Ⅱ线C相电抗器出线避雷器接地线、750kV川湖Ⅱ线B相电抗器夹件接地等）均检测到此信号，但相对750kV川湖Ⅱ线C相电抗器夹件接地处的高频信号幅值弱很多、脉冲频率低很多、时延滞后较多，并且铁芯接地信号比夹件接地幅值较弱，时延滞后，具体典型现场测试照片及数据如图1-16所示。

从图1-16测试数据分析高频信号来自于750kV川湖Ⅱ线C相电抗器夹件。

（2）高频、特高频联合定位分析。将特高频传感器放于非缝隙处或远离750kV川湖Ⅱ线C相电抗器，信号幅值明显变小，信号明显滞后，起始沿模糊，确定信号来自

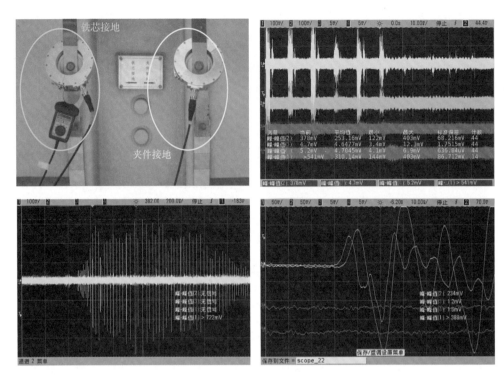

图 1-15　高频现场测试照片及数据

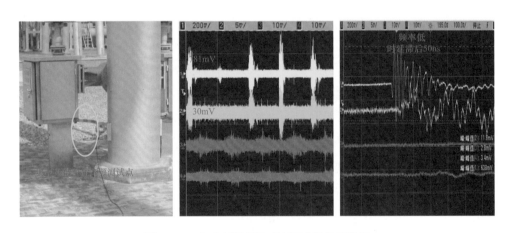

图 1-16　典型高频现场对比测试照片及数据

750kV 川湖Ⅱ线 C 相电抗器内部。以高频信号为触发进行高频、特高频联合测试。测试步骤如下：

1）步骤一。定位步骤一的传感器布点现场图片如图 1-17 所示，典型的多周期高频、特高频联合测试数据如图 1-18 所示，图 1-17 布点对应的测试数据如图 1-19 所示。

以上测试数据分析高频局部放电、特高频局部放电信号具有明显相关性，并且红色、绿色传感器特高频信号明显超前于紫色传感器信号，分析信号靠近于电抗器高压出线侧。

图 1-17 高频、特高频联合典型定位步骤一现场图片

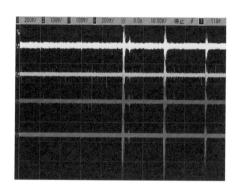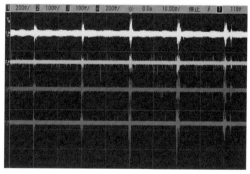

图 1-18 典型高频、特高频联合多周期测试数据

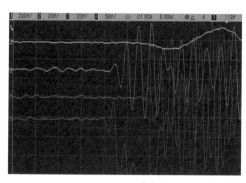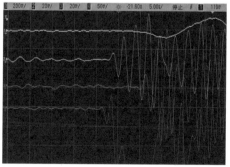

图 1-19 典型定位步骤一对应的测试数据

2）步骤二。按照步骤一方式，分别对电抗器高度、纵向及横向进行定位，定位分析放电源位置位于图 1-20 范围。

结合高频局部放电、特高频局部放电、超声波局部放电综合分析判断异常信号来源于电抗器内部，并且位于电抗器中上部，疑似缺陷位置如图 1-21 中红圈部位所示。

图1-20 放电源定位范围

图1-21 局部放电定位
检测疑似缺陷位置

1.2.3 处理及分析

1. 缺陷处理

2016年2月23日在特变电工衡阳变压器厂超高压装配车间对750kV川湖Ⅱ线C相电抗器进行吊罩解体检查，检查发现电抗器夹件引出线与夹件连接部位压接螺栓松动，并且夹件引出线线鼻子与压接螺栓垫片之间存在电腐蚀痕迹，与带电检测定位结果相吻合，检查情况如图1-22、图1-23所示。

2. 模拟试验

沙湖750kV变电站川湖Ⅱ线C相电抗器解体检查发现夹件引出线压接螺栓垫片与引出线间存在电腐蚀痕迹，为进一步分析螺栓松动与色谱超标及带电检测图谱的对应性，对电抗器缺陷回路进行简化，其等效电路如图1-24所示。

图1-22 缺陷部位（夹件引出线与夹件连接处）

图1-23 压接螺栓垫片处电腐蚀痕迹

在实验室条件下，C1电容量为2000pF，C2模拟螺栓压接不良，升压至10kV进行试验，试验时测试高频信号如图 1 - 25 所示，螺栓压接部位出现放电及放电腐蚀痕迹，如图 1 - 26 所示。

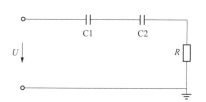

图 1 - 24 螺栓松动缺陷回路等效电路

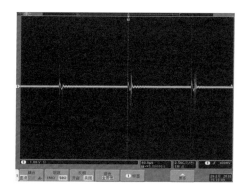

图 1 - 25 模拟试验高频信号

图 1 - 26 螺栓压接不良放电及电腐蚀痕迹

1.2.4 经验体会

（1）带电检测可有效发现电气设备内部的潜伏性故障或缺陷，不同的带电检测手段的灵敏度不同，测试时应结合各种测试手段综合判断。

（2）电抗器夹件接地连接部位紧固螺栓在运行过程中受振动、油流或外部作用力对连接部位的影响，造成螺栓松动引起色谱及局部放电信号异常。

（3）对于带电检测过程中发现的缺陷，应采取闭环管理措施，有条件情况下可进行仿真或模拟试验分析，对缺陷验证提供有效帮助。

1.3 银川东±660kV换流站750kV 1号主变压器悬浮放电缺陷

▶▶设备类别：【变压器】

▶▶单位名称：【国网宁夏电力公司电力科学研究院】

▶▶技术类别：【油色谱检测，高频、超声波局部放电检测】

1.3.1 案例经过

10月9日，银川东±660kV换流站750kV 1号主变压器油色谱测试发现B相乙炔含量严重超标。对该变压器进行油色谱分析、局部放电定位、铁芯接地电流检测等试验分析后，判断该设备内部存在间歇性低能量局部放电故障，放电位置在变压器中铁芯和夹件部位。10月22日，国网宁夏电力公司检修公司、宁夏送变电工程公司及变压器厂三方技术人员进箱检查，检查发现调压绕组底部磁分路与下铁轭夹件连接铜片在与夹件螺栓固定处断裂产生悬浮放电现象，此现象与局部放电定位分析位置相符。

1.3.2 检测分析

10月9日，银川东±660kV换流站750kV 1号主变压器油色谱测试发现B相乙炔含量严重超标。10月9～14日，乙炔含量呈快速增长趋势。截至10月14日，乙炔含量增至5.32μL/L，13～14日的乙炔绝对产气速率达到1.91mL/h，但其他含量未出现明显增长，如图1-27所示。

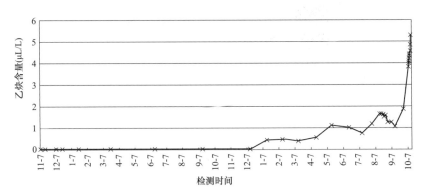

图1-27 银川东±660kV换流站750kV 1号主变压器B相乙炔含量变化趋势

在发现缺陷后，综合特高频局部放电检测、超声波局部放电定位、铁芯接地电流测试等试验手段进行分析判断。

（1）特高频带电测试。

试验设备：英国DMS超高频局部放电测试仪。

测试根据变压器结构特点在套管法兰处、器身人孔、器身缝隙等可能传出特高频信号处进行信号采集，发现三相背景值及测试值无明显差异。

（2）超声波局部放电定位。

试验设备：保定天威新域多通道超声波定位巡检仪。

通过对 1 号主变压器 B 相进行超声波局部放电定位，发现铁芯接地引下线两侧局部放电信号最大，测试结果如图 1-28、图 1-29 所示。

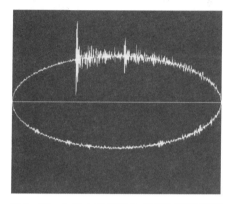

图 1-28　1 号主变压器 B 相超声信号图谱

图 1-29　1 号主变压器 B 相超声信号最大处

（3）铁芯电流测试。

10 月 10 日，对 1 号主变压器进行铁芯及夹件接地电流测试，三相数据未发现异常。测试结果见表 1-3。

表 1-3　　　　　　　　10 月 10 日铁芯及夹件接地电流测试结果　（mA）

相别	A	B	C
铁芯	79.6	79.1	80.4
夹件	224.5	226.7	227.4

（4）高频局部放电测试。

在 1 号主变压器 A、B、C 三相铁芯接地引下线处分别进行高频局部放电测试，A、C相铁芯未发现放电信号，B 相存在明显的放电信号，测试结果如图 1-30～图 1-33 所示。

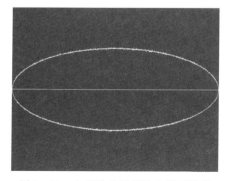

图 1-30　A 相铁芯局部放电测试结果

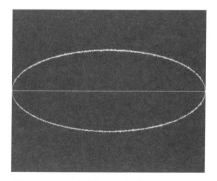

图 1-31　C 相铁芯局部放电测试结果

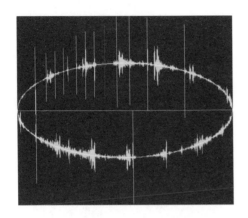 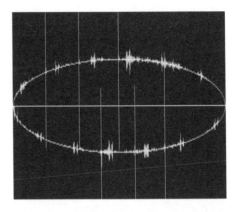

图 1-32 B相铁芯局部放电测试结果　　　　图 1-33　B相铁芯局部放电测试结果

1.3.3　处理及分析

1. 分析结论

在综合分析该设备油色谱、局部放电定位、铁芯接地电流波形等试验报告后，得出试验结论如下：

（1）乙炔总体呈缓慢增长趋势，其他含量未出现明显增加，并且乙炔期间曾出现下降现象，初步判断为设备内部存在间歇性低能量局部放电故障。

（2）一氧化碳及二氧化碳含量未出现明显增长及变化，判断该放电故障未涉及固体绝缘。

（3）总烃含量较小，并未出现明显增长。通过对比三相超高频测试结果发现，三相局部放电信号无明显差异，说明放电信号远小于背景值，确定为低能量放电。

（4）乙炔增长趋势与负荷变化无关联，可排除导电回路放电缺陷。

（5）乙炔目前呈快速增长趋势，表明故障点出现劣化趋势。

（6）通过对铁芯及夹件接地电流进行连续监测，铁芯及夹件接地电流稳定，未出现多点接地现象。

（7）铁芯高频局部放电测试结果显示，B相铁芯存在疑似悬浮电位放电信号。

（8）超声波局部放电定位结果显示，B相内部放电位置位于变压器中铁芯和夹件部位处。

最终得出该设备内部存在间歇性低能量局部放电故障，引起乙炔异常增长，其放电位置在变压器中铁芯和夹件部位的结论。

2. 解体检查

10月22日15：00，国网宁夏电力公司检修公司、宁夏送变电工程公司及变压器厂三方技术人员进箱检查，检查发现调压绕组底部磁分路与下铁轭夹件连接铜片在与夹件螺栓固定处断裂产生悬浮现象（见图1-34），此现象与国网宁夏电力公司电力科学研究院分析位置相符，经与现场各方面人员分析判断认为，此处为产生乙炔超标的原因。

1.3.4 经验体会

通过对设备前期收集的大量信息数据的分析，结合前期的定期评价和设备动态评价结果以及缺陷运行状态下的带电检测数据调整评价结果，及时准确地处理了设备缺陷，

图 1-34　连接铜片断裂处

带电检测数据为制订检修策略提供重要的依据，保障电网设备的安全可靠运行，避免事故的扩大。

GIS 状态检测典型案例

2.1 黄岗 110kV 变电站 110kV GIS 100-1 气室颗粒放电缺陷

▶▶设备类别：【GIS 隔离开关】

▶▶单位名称：【国网宁东供电公司】

▶▶技术类别：【高频、超声波局部放电检测】

2.1.1 案例经过

2016 年 4 月 25 日，国网宁东供电公司试验班和对黄岗 110kV 变电站 110kV GIS 进行超声波（AE）、特高频（UHF）局部放电联合带电测试，发现"110kV 母联间隔 100-1 隔离开关气室"超声波检测异常，超声波信号周期最大值为 20dB，特高频检测未见异常脉冲信号。

通过定位分析，最终判断信号来自于 110kV 母联间隔 100-1 隔离开关气室靠近气室底部位置，缺陷性质为颗粒放电缺陷。最后停电处理验证测试结论准确性。

110kV GIS 为山东泰开高压开关有限公司生产，型号为 ZF10-126/CB，出厂日期为 2014 年 2 月。

2.1.2 检测分析

1. 局部放电联合巡检

2016 年 1 月 26 日，使用 PDS-T90 型局部放电测试仪，采用超声波、特高频巡检仪对 110kV GIS 进行局部放电带电巡检普测。

（1）超声波检测。发现在 110kV 母联间隔 100-1 隔离开关气室 AE5 测点（见图 2-1）超声波检测异常，检测仪耳机中有明显的放电声响，超声波信号周期最大值为 20dB，频率成分 1（50Hz）大于频率成分 2（100Hz），脉冲波形上升沿极其陡峭，飞行图谱异常，判断该气室存在异常局部放电信号，初步判断为金属颗粒放电。相关试验图谱如图 2-2 和图 2-3 所示。

图 2-1　超声波局部放电检测点位置图

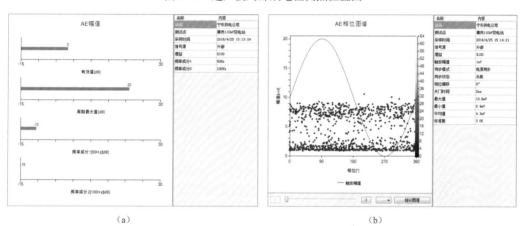

（a）　　　　　　　　　　　　　　　　　　　（b）

图 2-2　AE 幅值图谱和相位图谱

（a）幅值图谱；（b）相位图谱

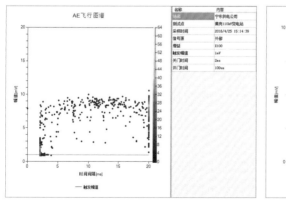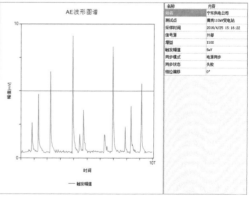

（a）　　　　　　　　　　　　　　　　　　　（b）

图 2-3　AE 飞行图谱和波形图谱

（a）飞行图谱；（b）波形图谱

（2）特高频检测。使用 PDS - T90 的特高频模式对黄岗 110kV 变电站 110kV 母联间隔 100 - 1 隔离开关气室进行特高频信号普测，未发现该气室存在异常特高频信号，检测位置及图谱如图 2-4 所示。

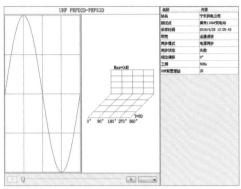

图 2-4　特高频检测及特高频 PRPD/PRPS 检测位置及图谱

如图 2-4 所示，特高频图谱无异常脉冲信号，该气室未发现异常特高频信号。

（3）高频电流检测。使用 PDS - T90 的高频电流模式对黄岗 110kV 变电站 110kV 母联间隔 100 - 1 隔离开关气室进行高频电流信号普测，未发现该气室存在异常高频电流信号，检测位置及图谱如图 2-5 所示。

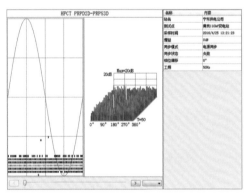

图 2-5　高频电流检测及高频电流 PRPD/PRPS 图谱

如图 2-5 所示，高频电流图谱无异常特征，判断该气室未发现异常高频电流信号。

2. 超声波法定位

使用 PDS - G1500，采用超声波时差定位法，对 110kV 母联间隔 100 - 1 隔离开关气室存在的异常超声波信号进行精确定位，查找放电源具体位置。

（1）局部放电信号类型的分析。如图 2-6 所示，可以观察到每个工频周期（20ms）内超声波脉冲信号出现的频率不稳定，脉冲信号上升沿陡峭，超声信号幅值最大达到 1.31V，工频相关性不明显，波形与手持式设备测试结果一致，综合判断为颗粒放电。

（2）局部放电信号定位分析。

1）局部放电信号横向定位分析。将红色及蓝色超声传感器放置在 110kV 母联间隔 100 - 1 隔离开关气室如图 2 - 7（a）所示位置（红色、蓝色标记），示波器波形图如图 2 - 7（b）所示，红色传感器波形与蓝色传感器波形的起始沿基本一致，可知信号到达两传感器的时间基本一致，说明信号源位于如图 2 - 7（a）所示红蓝传感器之间平分面上（如图黄色线所在平面）。

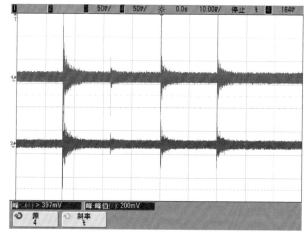

图 2 - 6　放电类型图谱

（a）

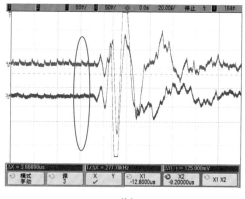

（b）

图 2 - 7　横向定位传感器布置图和定位波形

（a）布置图；（b）定位波形

2）局部放电信号纵向定位分析。将红色及蓝色超声传感器放置在 110kV 母联间隔 100 - 1 隔离开关气室如图 2 - 8（a）位置（红色、蓝色标记），示波器波形图如图 2 - 8（b）所示，红色传感器波形超前蓝色传感器波形的起始沿 $45\mu s$，根据超声波时差换算约 20cm（按声波在固体介质中的传播速度 4500m/s 计算），和红色传感器所在位置相符，可知信号源靠近红色传感器位置。

3）局部放电信号高度定位分析。将红色及蓝色超声传感器放置在 110kV 母联间隔 100 - 1 隔离开关气室如图 2 - 9（a）所示位置（红色、蓝色标记），红色超声传感器放置与图 2 - 9（a）位置相同，蓝色传感器在气室顶部。示波器波形图如图 2 - 9（b）所示，红色传感器波形超前蓝色传感器波形的起始沿约 $86.8\mu s$，根据超声波时差换算约 39.1cm（按声波在固体介质中的传播速度 4500m/s 计算），可知信号源位于红色传感器上方约 3cm 处。

（a）

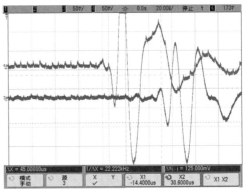

（b）

图 2-8　纵向定位传感器布置图和定位波形

（a）布置图；（b）定位波形

（a）

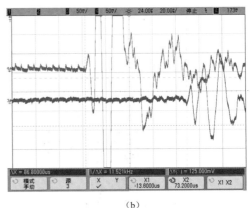

（b）

图 2-9　上下柜深度定位和定位波形

（a）布置图；（b）定位波形

2.1.3　处理及分析

综上所述，局部放电源位于 110kV 母联间隔 100-1 隔离开关气室底部红色圈标记区域，如图 2-10 所示。

图 2-10　放电源位置

2016 年 6 月 11 日对该气室进行了解体检查，发现绝缘盆子内壁黏附 2mm 长的金属细丝。如图 2-11（b）直对绝缘盆子的内侧面位置处。由此可以看出：①此位置和超声波时差定位位置有约 4cm 距离。②在设备运行中，金属丝也可能发生位移。③GIS 气室定位准确，提高检修效率。

经现场分析，此金属丝疑似安装过程未采取防尘措施，安装时金属部件有金属丝脱

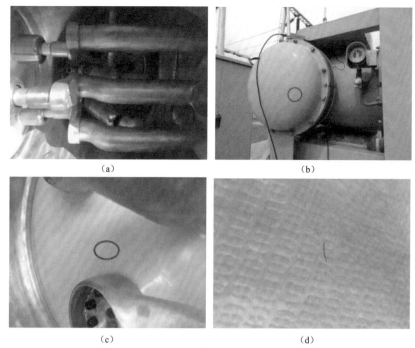

（a）　　　　　　　　　　　　　（b）

（c）　　　　　　　　　　　　　（d）

图 2 - 11　解体后金属丝位置

（a）GIS 解体图；（b）金属丝外部直对位置；（c）解体后金属丝位置；（d）解体后金属丝

落，封罐时未彻底清洁罐体内部，导致部分杂质进入。随即对吸附剂壳体表面和此段气室罐体内部进行清理，处理完毕后再次进行局部放电检测，检测数据正常。

2.1.4　经验体会

（1）GIS 超声波局部放电检测对发现 GIS 内部自由颗粒缺陷具有较高的灵敏度。对新建的 GIS，建议在做交流耐压试验时，配合超声波局部放电检测，可有效发现 GIS 内部缺陷。

（2）根据缺陷发现情况，在 GIS 现场安装时应加强设备安装工艺的管理。对于风沙大的地区，应采取搭建作业帐篷、地面铺工程塑料布等防尘措施，抽真空前必须罐体内部彻底清理，特别是缝隙、角落的除尘。验收时认真查验施工记录、监理记录，安装时的天气情况、装配顺序、安装工艺、气室的清理等是否满足要求。

（3）超声波时差定位法能够较准确定位放电源的位置，从而提高检修效率。

2.2　镇南变电站 110kV GIS 支撑绝缘子绝缘放电缺陷

▶▶设备类别：【GIS 支撑绝缘子】

▶▶单位名称：【国网石嘴山供电公司、国网宁夏电力公司电力科学研究院】

▶▶技术类别：【超声波检测、特高频检测】

2.2.1　案例经过

2016 年 3 月 28 日，国网石嘴山供电公司在对镇南变电站进行例行带电检测工作时发现：镇南变电站 GIS 110kV Ⅱ母母线筒内部存在异常局部放电信号，判断柱式绝缘子存在局部放电缺陷。2016 年 3 月 31 日，为进一步确定缺陷情况，国网宁夏电力公司电力科学研究院、国网石嘴山供电公司、上海华乘、厦门加华再次对镇南变电站 110kV Ⅱ母进行联合复测，确认 110kV Ⅱ母河镇线 102 间隔处 B 相支柱绝缘子存在绝缘缺陷。4 月 14～18 日进行停电更换母线柱式绝缘子后测试放电信号消失，国网宁夏电力公司电力科学研究院对更换的 B 相支柱绝缘子进行 X 射线成像检测，检测发现 B 相支柱绝缘子底部存在不规则裂纹。

2.2.2　检测分析

2016 年 3 月 28 日，使用 PDS－T90 型局部放电测试仪，采用超声波、特高频法对该高压室 GIS 进行局部放电带电巡检普测，2016 年 3 月 31 日进行局部放电带电复测。

（1）超声波检测。发现 110kV GIS "110kV 河镇线 102 间隔Ⅱ母母线 B 相支撑绝缘子" 超声波信号异常，信号幅值达到 8dB，耳机中能够听到明显的 "嗞嗞" 放电声。AE 幅值和波形图谱如图 2-12 所示。

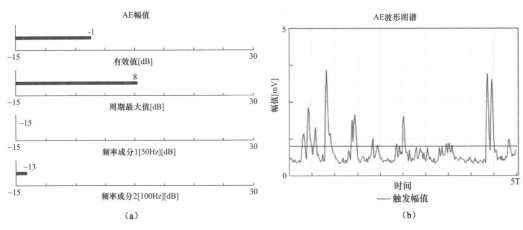

图 2-12　AE 幅值和波形图谱
（a）AE 幅值；（b）AE 波形图谱

（2）特高频检测。使用 PDS－T90 对 110kV GIS 进行特高频测试，在 110kV GIS "110kV 河镇线 102 间隔Ⅱ母母线" 盆式绝缘子处发现有异常特高频信号，信号幅值 69dB，信号工频周期内两簇，幅值大小分布不均，具有局部放电特征，放电类型判断为绝缘类放电，不排除有悬浮电位放电的可能，需要进行精确定位，确定信号精确位置。特高频测点如图 2-13 所示。

PRPD/PRPS 图谱及 UHF 周期图谱如图 2-14 所示。

1）特高频法定位。使用 PDS－G1500，采用特高频定位方法进行放电源位置定位，

图 2-13 特高频测点

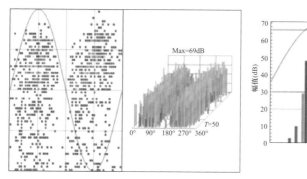 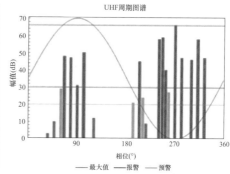

图 2-14 PRPD/PRPS 图谱及 UHF 周期图谱

对"110kV 河镇线 102 间隔 Ⅱ 母母线"检测到的特高频信号进行定位。现场横向定位及定位波形图如图 2-15 所示。

 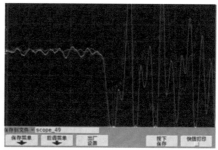

图 2-15 现场横向定位及定位波形图

现场深度定位及定位波形图如图 2-16 所示。

结合上述定位测试步骤及 GIS 内部结构，综合判断局部放电源在 110kV Ⅱ 母母线气室内 B 相母线支撑绝缘子上，如图 2-17 红色圈所示位置。

2）定位结论。110kV GIS"110kV 河镇线 102 间隔 Ⅱ 母母线"气室存在严重的局部放电现象。结合特高频定位及超声测试验证，综合判断放电源在"110kV 河镇线

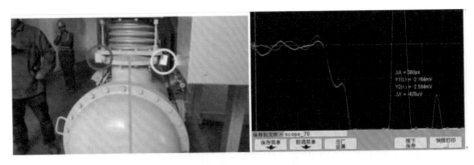

图 2-16　现场深度定位及定位波形图

图 2-17　现场设备放电源位置及结构照片

102 间隔Ⅱ母母线气室"B 相母线支撑绝缘子。

　　3）停电检查及处理。2016 年 4 月 15 日，对 110kV GIS"河镇线 102 间隔Ⅱ母母线气室"进行检修，发现绝缘子表面颜色发暗，如图 2-18 所示。

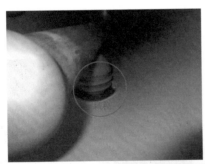

图 2-18　放电点位置及放电痕迹

为进一步分析绝缘子内部状况，国网宁夏电力公司电力科学研究院对更换下来的 B 相支柱绝缘子在试验室进行 X 射线成像检测，检测发现支柱绝缘子低压端存在不规则裂纹，成像结果如图 2-19 所示。

4 月 16～18 日，对 110kV Ⅱ 母母线气室抽真空合格后充入合格 SF$_6$ 气体，密封检漏试验合格、微水试验合格、耐压试验合格，局部放电检测试验合格。4 月 19 日，110kV Ⅱ 母母线投运后局部放电检测试验合格。

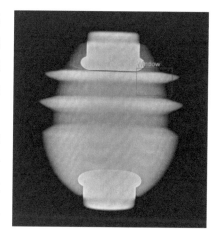

图 2-19　B 相支柱绝缘子
X 射线成像结果

2.2.3　经验体会

（1）绝缘类放电不同于其他类型放电，一般发展较快；绝缘类放电用肉眼一般较不易观察到放电衍生物，建议解体时保持内部部件原状，交专业机构进行分析。

（2）当用一种局部放电检测方法检测到疑似放电信号时，宜采用多种手段进行相互验证。

2.3　李寨 110kV 变电站 110kV GIS 1111 间隔绝缘及悬浮放电缺陷

▶▶设备类别：【GIS 隔离开关】
▶▶单位名称：【国网固原供电公司、国网宁夏电力公司电力科学研究院】
▶▶技术类别：【超声波检测、特高频检测】

2.3.1　案例经过

2015 年 11 月 23 日，国网固原供电公司试验班对李寨 110kV 变电站 110kV GIS 设备进行超声波（AE）、特高频（UHF）局部放电带电测试，发现 110kV GIS "110kV 清李Ⅰ线 1111 间隔" 存在幅值为 16dB 的异常超声波信号，特高频放电信号幅值为 52dB，12 月 3 日，联合国网宁夏电力公司电力科学研究院进行诊断试验，通过声电联合定位分析，最终判断信号来自于 110kV GIS "110kV 清李Ⅰ线 1111 间隔 TV 隔离开关气室"，停电处理验证测试结论准确性。

2.3.2　检测分析

2015 年 11 月 23 日，使用 PDS-T90 型局部放电测试仪，采用超声波、特高频法对该高压室 GIS 进行局部放电带电巡检普测，2015 年 12 月 3 日进行局部放电带电复测。

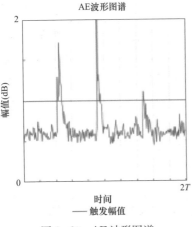

图 2-20 AE 波形图谱

（1）超声波检测。发现 110kV GIS "110kV 清李Ⅰ线 1111 间隔 TV 隔离开关气室"超声波信号异常，信号幅值达到 16dB，耳机中能够听到明显的放电声。AE 波形图谱如图 2-20 所示。

（2）特高频检测。使用 PDS-T90 对 110kV GIS 进行特高频测试，在 110kV GIS "110kV 清李Ⅰ线 1111 间隔"盆式绝缘子处发现有异常特高频信号。信号幅值 52dB，特高频脉冲信号稀疏，存在间歇性。需要进行精确定位，确定信号精确位置。特高频测点如图 2-21 所示。

图 2-21 特高频测点

PRPD/PRPS 图谱及 UHF 周期图谱如图 2-22 所示。

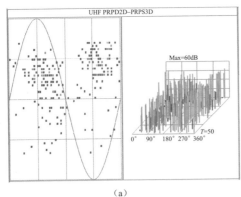

（a）

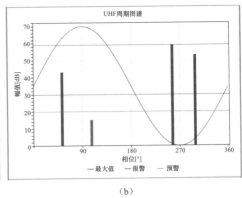

（b）

图 2-22 PRPD/PRPS 图谱及 UHF 周期图谱

（a）PRPD/PRPS 图谱；（b）UHF 周期图谱

1）特高频法定位。使用 PDS‐G1500，采用特高频时差法进行放电源位置定位，对 110kV 清李Ⅰ线 1111 间隔检测到的特高频信号进行定位。现场测试照片如图 2‐23 所示。

图 2‐23　现场测试照片

特高频时差法定位图谱如图 2‐24 所示。

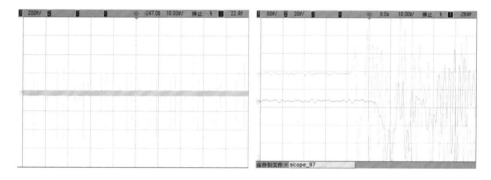

图 2‐24　特高频时差法定位图谱

2）声电联合定位。使用 PDS‐G1500，采用特高频结合超声波进行声电联合定位，对 110kV 清李Ⅰ线 1111 间隔检测到的异常信号进行精确定位。传感器位置及声电多周期对应数据如图 2‐25 所示。

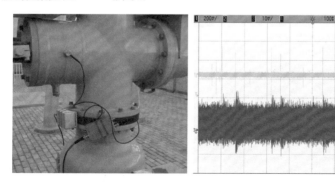

图 2‐25　传感器位置及声电多周期对应数据

根据图 2‐25 中的声电对应数据分析超声波信号与特高频信号为同一信号源，声电信号时差数据（声电时差 120μs）如图 2-26 所示。

3）定位结论。110kV GIS"110kV 清李 I 线 1111 间隔"TV 隔离开关气室存在严重的绝缘及悬浮放电。结合特高频定位与声电定位确定放电源位于图 2-27 图中标识处（绝缘拉杆高压端）。

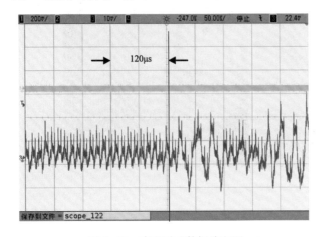

图 2-26　声电时差数据放电源
位置示意图

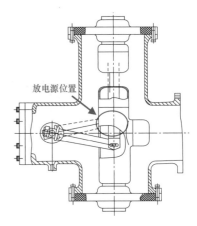

图 2-27　TV 隔离开关气室中
放电源位置

4）停电检查及处理。2016 年 1 月 8 日，对 110kV GIS"110kV 清李 I 线 1111 间隔"TV 隔离开关气室进行检修，发现明显放电痕迹，如图 2-28 所示。

图 2-28　放电点位置及放电痕迹

2.3.3 经验体会

（1）声电联合检测能够精确确定放电发生的部位，对查找故障点提供了依据。

（2）当用一种局部放电检测方法检测到疑似放电信号时，宜采用多种手段进行相互验证。

2.4 滨河变电站 110kV GIS 内部放电缺陷

▶▶设备类别：【GIS】

▶▶单位名称：【国网宁夏电力公司电力科学研究院】

▶▶技术类别：【超声波检测、特高频检测】

2.4.1 案例经过

2011 年，国网宁夏电力公司电力科学研究院对滨河 110kV 变电站 GIS 进行超声波、特高频局部放电检测时，发现变电站内 110kV GIS 内部存在异常信号，之后对存在异常放电信号的设备缩短测量周期进行跟踪测试，观察该信号发展情况。根据跟踪测量情况，判断该设备内部存在颗粒放电。后结合停电检修机会对该 GIS 气室进行了抽真空处理。处理后，该气室内部放电信号消失。

2.4.2 检测分析

2011 年进行 GIS 超声波局部放电普测发现该 GIS 110kV Ⅱ母 121 间隔向母联方向第二节封闭母线超声波信号幅值偏大，如图 2-29 所示。

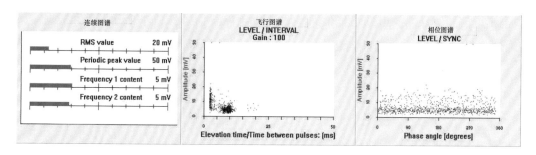

图 2-29 GIS 超声波局部放电普测（一）

该处超声波放电测试图谱有效值、峰值、频率一、频率二均有明显变化。参照飞行图与相位图，该处存在疑似放电信号，该信号为自由颗粒的可能性最大。由于该 GIS 无法进行特高频局部放电测试，根据测试结果，建议对该 GIS 进行气体分解物成分分析测试，并缩短测量周期进行跟踪测试，观察该信号发展情况。

该 GIS 气室气体分解物成分分析未发现异常，随后对该气室进行跟踪测试。

2011 年 6 月 23 日该气室测试结果如图 2-30 所示。

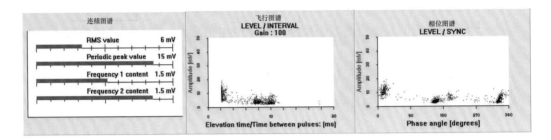

图 2-30　GIS 超声波局部放电普测（二）

2011 年 7 月 22 日该气室测试结果如图 2-31 所示。

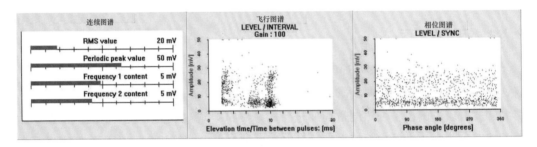

图 2-31　GIS 超声波局部放电普测（三）

8 月 21 日该气室超声波局部放电测试信号幅值及特征与 7 月 22 日相比无明显变化。

4 月 29 日、7 月 22 日、8 月 21 日测得信号规律相同，信号为自由颗粒的可能性最大，三次测得信号飞行时间都小于 50ms，且峰值都小于 50mV；6 月 23 日超声波局部放电测得信号为悬浮放电的可能性最大，测得超声波信号峰值小于 30mV。根据 GIS 内部颗粒信号特征（飞行信号特征明显，随机运动，信号可能会增大，也有可能会消失，颗粒掉进壳体陷阱中不再运动，可等同于毛刺、电晕放电等信号特征）判断该气室内部存在颗粒放电。

根据该信号幅值、位置及发展趋势等因素，结合特高频局部放电测试及 SF_6 气体分解物成分分析测试判断该位置内部缺陷可不立即进行处理，但应加强监测。

2012 年 7 月 2 日再次进行测试发现该气室异常信号未消失。测试图谱如图 2-32 所示。

综合前期超声波跟踪测试结果，判断该气室内部颗粒放电缺陷未消失。为避免缺陷进一步扩大，与厂家进行协商后，利用更换该 GIS 一处波纹管机会对该 GIS 气室进行了内部清洁并重新置换了 SF_6 气体。

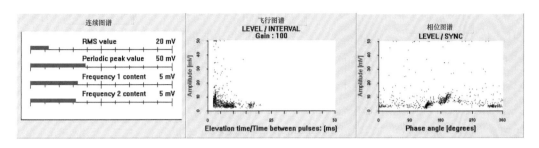

图 2-32　GIS 超声波局部放电普测（四）

对该 GIS 气室进行处理后，2012 年 11 月 19 日，对滨河 110kV 变电站 110kV GIS 进行了复测。测试图谱如图 2-33 所示。

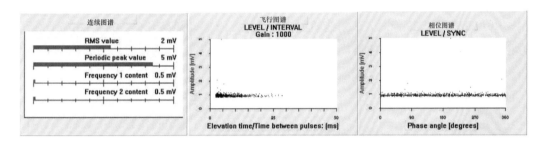

图 2-33　GIS 超声波局部放电普测（五）

此次信号有效值、周期峰值小而稳定，频率 1、频率 2 信号极小，飞行图及脉冲图谱无放电特征，判断该气室抽真空处理后内部放电信号消失。

2.4.3　经验体会

超声波检测技术对 GIS 类设备的局部放电检测有较强的敏感度，能够有效地发现 GIS 中的缺陷。在使用超声波检测技术的同时要充分利用其他检测技术，多种手段并用，多角度、全方位进行排查，从而能够有效进行缺陷判断。

2.5　高桥 220kV 变电站 220kV GIS 隔离开关合闸不到位

▶▶设备类别：【GIS 隔离开关】

▶▶单位名称：【国网宁夏电力公司电力科学研究院】

▶▶技术类别：【X 射线成像检测】

2.5.1　案例经过

2013 年 8 月，国网银川供电公司高桥 220kV 变电站 220kV GIS（型号为 ZF1-252，上海西安高压电器研究所有限责任公司，2006 年 9 月出厂）进行正常停电检修，

Ⅰ母、Ⅱ母检修后交流耐压试验顺利通过，准备投入运行时，Ⅰ母电压互感器周围出现异响。为保证设备安全运行，220kV GIS Ⅱ母投入运行，Ⅰ母转检修状态。初步分析Ⅰ母电压互感器周围异响可能由于隔离开关检修时处理不到位引起。为准确查找缺陷部位，采用X射线成像在Ⅰ母停电状态下对电压互感器侧三相隔离开关气室进行成像检测，重点检测隔离开关在合闸状态下内部结构情况，检测发现电压互感器A、B相隔离开关合闸不到位，分析确定异响是由于对隔离开关进行检修后，隔离开关机构恢复调整不到位造成隔离开关动静触头未充分接触。

2.5.2 检测分析

国网宁夏电力公司X射线成像检测采用X射线CR成像系统，射线机型号为ERERCO 65MF4。成像时，X射线机面向被测电压互感器隔离开关，正对隔离开关后方相应位置设置X射线成像板，X射线成像板感光形成底片，并经过CR扫描系统输出为专用数字图像，现场检测情况如图2-34所示。

图2-34 X射线成像现场检测情况

首先在Ⅰ母电压互感器侧隔离开关现场分闸状态下进行X射线成像检测，检测A、B、C三相隔离开关分闸状态正常。为进一步确定隔离开关情况，分别对三相隔离开关进行合闸状态下成像检测。A、B相隔离开关合闸状态下成像结果显示隔离开关动触头未完全插入梅花触头内，动触头仅插入至静触头侧第一个抱紧弹簧的下沿，隔离开关动、静触头未充分接触，如图2-35、图2-36所示。C相隔离开关合闸状态成像结果正常，静触头与动触头充分接入，并且动触头已插入静触头第一个

图2-35 隔离开关A相成像结果

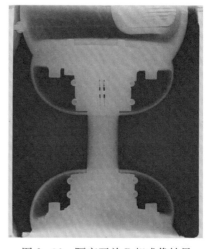

图2-36 隔离开关B相成像结果

抱紧弹簧与第二个抱紧弹簧之间，接近第二个抱紧弹簧的下沿，如图 2-37 所示。借助 X 射线成像测试结果，确定缺陷部位后，GIS 厂家对隔离开关机构行程重新进行调整，调整后 220kV I 母及 I 母电压互感器投运前试验顺利通过，高桥 220kV 变电站 220kV GIS I 母正常投入运行。

2.5.3　经验体会

GIS 隔离开关由于机构行程调整不到位易出现合闸不到位现象，造成隔离开关部位局部放电，并加剧隔离开关损坏。GIS 隔离开关在安装检修完成后，无法打开检查内部接触情况。在现场运行出现异常时，结合 X 射线成像检测，可以直观呈现设备内部结构情况，为诊断设备缺陷提供可靠的依据。

图 2-37　隔离开关 C 相成像结果
（图中白色阴影为成像板扫描停滞引起，
不影响结果判断）

2.6　李寨 110kV 变电站 126kV GIS 隔离开关合闸不到位缺陷

▶▶设备类别：【GIS 隔离开关】
▶▶单位名称：【国网宁夏电力公司电力科学研究院、国网固原供电公司】
▶▶技术类别：【X 射线成像检测】

2.6.1　案例经过

2015 年 12 月 3 日，国网宁夏电力公司电力科学研究院受国网固原供电公司委托对李寨 110kV 变电站 126kV GIS 1111 间隔和 1112 间隔电压互感器隔离开关进行局部放电带电检测及 X 射线成像检测，发现 1112 间隔电压互感器隔离开关异常。经诊断分析，判断该 1112 间隔电压互感器隔离开关存在合闸不到位缺陷。

2.6.2　检测分析

为确定 1111 间隔和 1112 间隔电压互感器隔离开关内部结构件状态，分别对 1111 间隔和 1112 间隔电压互感器隔离开关气室内传动部位及触头部位进行 X 射线成像分析，成像结果如图 2-38～图 2-41 所示。

由 1111 间隔和 1112 间隔电压互感器隔离开关气室内传动部位及触头部位 X 射线成像结果可以看出：1111 隔离开关内部结构件未见异常，绝缘拐臂连接轴销约位于滑孔的中部，1112 隔离开关内部绝缘拐臂连接轴销约位于滑孔的右部，并且动触头插入深度较浅，不满足设计图要求，存在合闸不到位缺陷。隔离开关触头设计接触部位如图 2-42 所示。

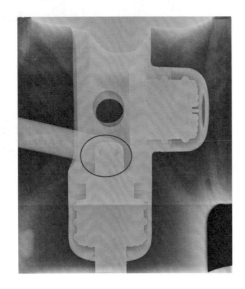

图 2-38　1111 隔离开关传动部位

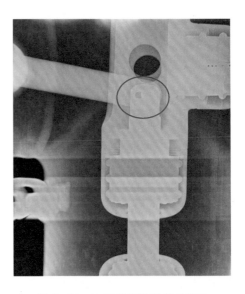

图 2-39　1112 隔离开关传动部位

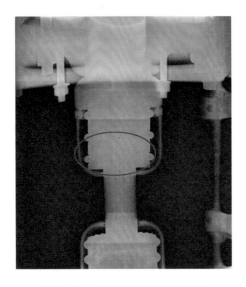

图 2-40　1111 隔离开关触头部位

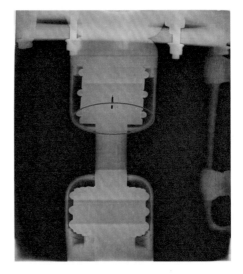

图 2-41　1112 隔离开关触头部位

2.6.3　经验体会

X 射线成像检测能在设备运行条件下实现被试设备内部结构件直观呈现，不同带电检测手段的综合运用，更便于设备缺陷分析。

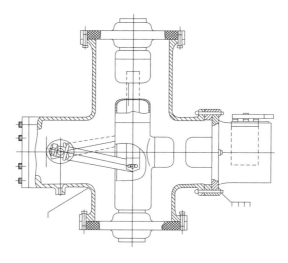

图 2-42　隔离开关触头设计接触部位

2.7　城关 220kV 变电站 220kV GIS 隔离开关自由颗粒放电缺陷

▶▶设备类别：【GIS 隔离开关】

▶▶单位名称：【国网宁夏电力公司电力科学研究院、国网石嘴山供电公司】

▶▶技术类别：【超声波检测】

2.7.1　案例经过

2015 年 9 月 30 日，国网宁夏电力公司电力科学研究院在国网石嘴山供电公司城关 220kV 变电站 220kV GIS 设备投运后 1 周内对其进行超声波局部放电检测时，发现 220kV GIS Ⅰ B 母 TV 间隔 A 相隔离开关气室存在异常信号。经诊断分析，判断该隔离开关底部存在自由颗粒放电缺陷。10 月 14 日，对该气室进行解体检修，解体后发现隔离开关底部存在自由金属颗粒，颗粒类型为金属碎屑（大小约为 1mm×0.5mm）。设备解体检修并投入运行后，城关 220kV 变电站 220kV GIS 局部放电带电检测正常。

2.7.2　检测分析

9 月 30 日，对国网石嘴山供电公司城关 220kV 变电站 220kV GIS 超声波局部放电测试，背景信号如图 2-43 所示，220kV GIS Ⅰ B 母 TV 间隔 A 相隔离开关局部放电测试结果如图 2-44～图 2-46 所示。

如图 2-44 所示，该部位超声波局部放电有效值和周期最大值高于背景信号值，且测试时信号周期峰值不稳定，50Hz 和 100Hz 频率成分较小；图 2-45 脉冲模式图谱

（即飞行图）显示信号有明显的"三角驼峰"形状特点；图 2 - 46 相位图谱无明显相位聚集效应，耳机具有"噼噼啪啪"自由金属颗粒放电声音，分析该处存在自由颗粒缺陷特征。

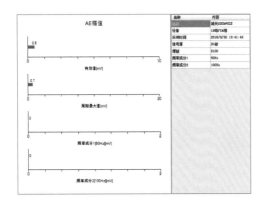

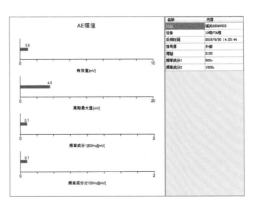

图 2 - 43　城关 220kV 变电站 220kV
GIS 超声测试背景信号

图 2 - 44　220kV GIS Ⅰ 母 TV 间隔 A 相隔离开关超声波局部放电连续图谱

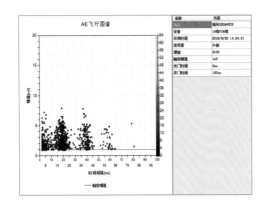

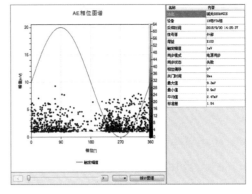

图 2 - 45　220kV GIS Ⅰ 母 TV 间隔 A 相隔离开关超声波局部放电脉冲图谱

图 2 - 46　220kV GIS Ⅰ 母 TV 间隔 A 相隔离开关超声波局部放电相位图谱

　　为进一步确定缺陷性质，对 220kV GIS Ⅰ 母 TV 间隔 A 相隔离开关采用橡皮锤轻微敲击，敲击后超声波局部放电图谱如图 2 - 47、图 2 - 48 所示。

　　图 2 - 47 与图 2 - 44 相比较，信号有效值以及周期最大值相比敲击前幅值略有增大；图 2 - 48 与图 2 - 45 相比较，脉冲图谱（飞行图）显示自由颗粒聚集效应较明显，且飞行时间较长。具体检测位置如图 2 - 49 中红圈所示。

　　为进一步确定缺陷性质，对 220kV GIS Ⅰ 母 TV 间隔 A 相隔离开关采用 AIA - 1 型 GIS 局部放电故障定位仪进行复测，测试背景如图 2 - 50 所示、超声波局部放电测试结果见表 2 - 1。

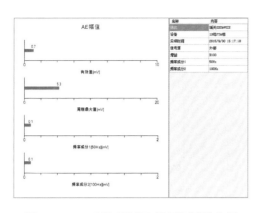

图 2-47　220kV GIS Ⅰ B 母 TV 间隔 A 相
隔离开关超声波局部放电连续图谱

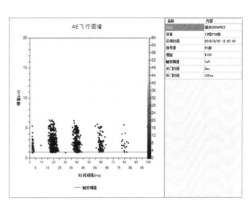

图 2-48　220kV GIS Ⅰ B 母 TV 间隔 A 相
隔离开关超声波局部放电脉冲图谱

图 2-49　220kV GIS Ⅰ B 母 TV 间隔 A 相
隔离开关超声波局部放电检测位置

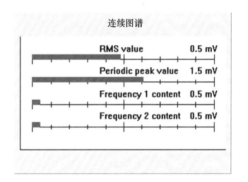

图 2-50　城关 220kV 变电站 220kV
GIS 超声测试背景信号（AIA-1）

表 2-1　　220kV GIS Ⅰ B 母 TV 间隔 A 相隔离开关超声波局部放电测试结果（AIA-1）

图谱类型	橡皮锤敲击前	橡皮锤敲击后
连续图谱	RMS value　20 mV Periodic peak value　50 mV Frequency 1 content　5 mV Frequency 2 content　5 mV	RMS value　20 mV Periodic peak value　50 mV Frequency 1 content　5 mV Frequency 2 content　5 mV

续表

图谱类型	橡皮锤敲击前	橡皮锤敲击后
脉冲图谱	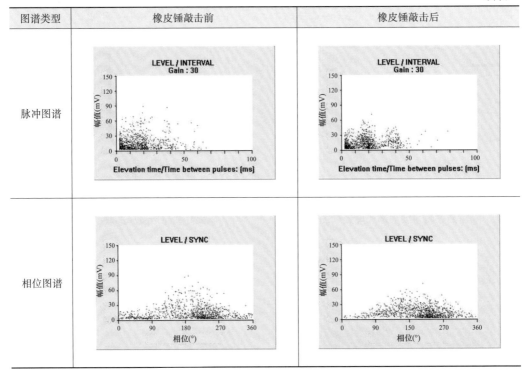	
相位图谱		

表 2-1 图谱分析可知，使用橡皮锤敲击前、后的连续图谱与背景图谱相比信号有效值和周期最大值均较大，而且敲击后的连续图谱比敲击前的图谱信号幅值略有增大；并且脉冲图谱（飞行图）信号呈现更加明显的"三角驼峰"形状特点；敲击前、后相位图谱无明显的聚集效应，确定国网石嘴山供电公司城关 220kV 变电站 220kV GIS Ⅰ B 母 TV 间隔 A 相隔离开关气室存在自由金属颗粒缺陷。对该气室进行特高频局部放电及 SF_6 气体成分分析，未见异常。

2.7.3　处理及分析

由于采用两种不同的超声波局部放电测试仪均测试到 220kV GIS Ⅰ B 母 TV 间隔 A 相隔离开关气室存在自由金属颗粒缺陷，根据 DL/T 1250—2013《气体绝缘金属封闭开关设备带电超声局部放电检测应用导则》自由金属颗粒超声波局部放电检测经验判据"对于新投运的 GIS 和大修后的 GIS，当信号的峰值大于 20mV 即应处理"，建议尽快对 220kV GIS Ⅰ B 母 TV 间隔 A 相隔离开关气室进行停电检修处理。

10 月 14 日，对城关 220kV 变电站 220kV GIS Ⅰ B 母 TV 间隔 A 相隔离开关气室进行解体检修，外观检查未见明显金属颗粒，采用专用试纸对底部壳体进行擦拭，可见大小约为 1mm×0.5mm 的金属碎屑，检测结果如图 2-51 所示。

图 2-51 隔离开关气室解体检查结果

2.7.4 经验体会

（1）带电检测可有效发现电气设备内部的潜伏性故障或缺陷，超声波局部放电带电检测对气室自由金属颗粒缺陷较敏感，各种不同的带电检测手段对缺陷的灵敏度不同，测试时应结合各种测试手段综合判断。

（2）对于新投运的 GIS，超声波局部放电检测自由金属颗粒缺陷脉冲图谱呈现典型"三角驼峰"状，并且信号幅值及颗粒飞行时间较大，结合设备结构应尽快解体处理，颗粒的随机运动可能会引起信号的增大或消失，具有不稳定性特点。

（3）在设备投运 1 周内进行运行电压下的局部放电带电检测不仅能检测出设备缺陷，还能提供测试数据便于今后测试的纵向比对。

2.8 凯歌 330kV 变电站 110kV GIS

▶▶设备类别：【GIS】
▶▶单位名称：【国网宁夏电力公司电力科学研究院】
▶▶技术类别：【红外成像检测、超声波检测】

2.8.1 案例经过

2015 年 6 月 22 日，国网宁夏电力公司电力科学研究院在对国网宁夏电力公司检修公司凯歌 330kV 变电站 110kV GIS 进行红外成像检测时，发现 A、B、C 相出线套管气室存在发热缺陷，异常部位表面温度高于同环境条件下正常出线套管同部位表面温度，温差约 3K；对异常部位进行超声波局部放电检测，检测结果判断该部位超声波局部放电异常。初步诊断分析，判断 114 凯三线出线套管气室内部导电杆连接部位接触不良，引起导流回路接触电阻增大，当负荷电流通过时，导致局部过热。7 月 28 日，对 114 凯三线间隔出线套管气室进行解体检修，外观检查套管导电杆及梅花触指无烧伤、发热痕迹，梅花触指无变形且弹性良好，114-0 接地开关至出线套管回路电阻测试三相横比显示，C 相回路电阻高于 A、B 相，对三相出线部位重装后，回路电阻测试正常，红外成像检测正常。

2.8.2 检测分析

2015 年 6 月 22 日，对凯歌 330kV 变电站 110kV GIS 进行红外成像检测，检测工况见表 2-2，红外成像图谱如图 2-52、图 2-53 所示。

表 2-2　　　　　　　　　　6 月 22 日红外成像测试检测工况

设备名称	出线套管底部		电压等级	110kV	
设备厂家	无锡恒驰中兴开关		设备型号	ZFN24-126（L/T2500-40）	
运行编号	114 凯三线 A、B、C 相出线套管底部				
仪器型号	FLIR P640				
负荷/额定电流	594.99A/2000A	辐射率	0.9	测试距离	4.0m
温度	22℃	湿度	40%	风速	0.3m/s
检测时间	2015 年 6 月 22 日 19 点 20 分				

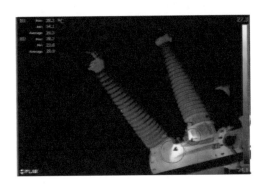 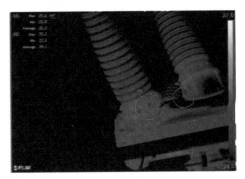

图 2-52　红外成像异常 B、C 相出线套管　　　图 2-53　红外成像正常 B、C 相出线套管

凯歌 330kV 变电站 110kV GIS 114 凯三线红外成像图谱热像特征为以 A、B、C 三相套管绝缘支撑座附近为最热的热像，设备装箱示意图如图 2-54 所示，初步判断故障特征为导杆连接部位接触不良，引起导流回路接触电阻增大，当负荷电流通过时，导致局部过热，热量向上传递至设备外壳，造成外壳表面温度升高。

为进一步验证 114 凯三线间隔的发热缺陷，对其进行超声波局部放电测试。114 凯三线间隔的出线套管绝缘支撑座附近部位的局部放电测试结果见表 2-3（采用 AIA-1 局部放电测试仪）。

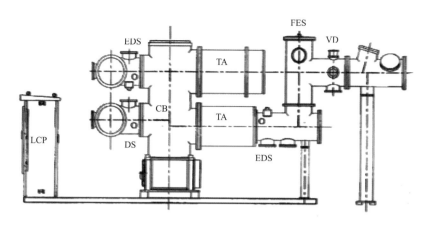

图 2 - 54 设备装箱示意图

| 表 2 - 3 | 凯三线出线套管绝缘支撑座附近的局部放电测试结果 | |

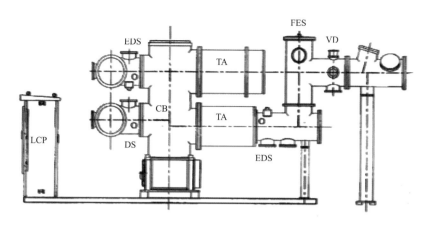

图 2 - 54 设备装箱示意图

表 2 - 3　　　　凯三线出线套管绝缘支撑座附近的局部放电测试结果

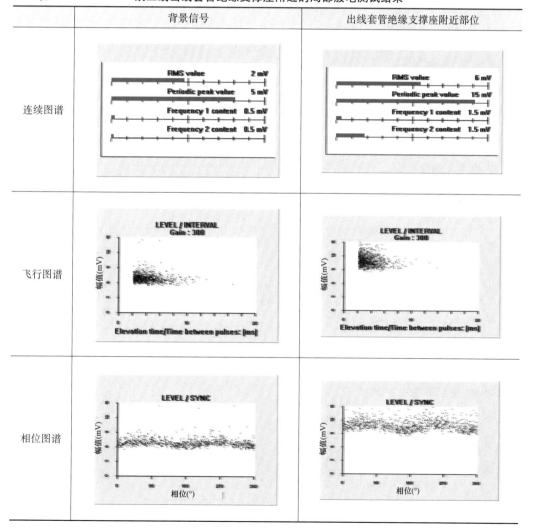

该部位超声波局部放电有效值和峰值相比背景信号有明显增长，连续图谱显示信号峰值为 13.5mV，均值为 3.6mV，存在 100Hz 相关性，超声波局部放电测试异常，呈现悬浮电位特征。

2.8.3 处理及分析

2015 年 7 月 28 日，对 114 凯三线间隔出线套管气室进行解体检修，三相套管全部吊出后，检查套管导电杆及梅花触指无烧伤、发热痕迹，且在触指中心导向

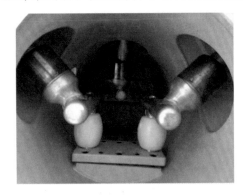

杆的引导下，套管导电杆无偏斜插入梅花触指，外观检查梅花触指无变形且弹性良好，如图 2-55 所示。

对出线部位进行回路电阻测试分析，现场采取从 114-0 接地开关至出线套管测量电阻的方式判断出线套管与气室连接装配接触是否良好，但该段电阻无出厂参考数据，故与新建未投运间隔做对比性试验，并且在解体重装后试验前，还将 114-0 接地开关反复分合闸多次，利用静触头的自净作用除去

图 2-55 凯三线间隔出线
套管部位解体检测情况

114-0 接地开关上的氧化层及其他附着物，以便进一步减小试验误差。试验结果见表 2-4。测试结果显示，C 相回路电阻测试结果高于 A、B 相回路电阻，并且解体重装后回路电阻恢复正常。

表 2-4　　　　　　　　凯三线出线套管部位回路电阻测试结果

相序	未解体前 （μΩ）	解体重装后 （μΩ）	对比间隔 （μΩ）
A	122	112	117
B	108	98.5	102
C	147	114	116

2.8.4 经验体会

带电检测可有效发现电气设备内部的潜伏性故障或缺陷，但 GIS 导体通流部位位于 GIS 内部，内部导体接触不良引起的发热缺陷受 GIS 结构影响不易反映在设备壳体部位，红外成像检测无法穿透设备外壳进行测试，红外成像检测出 GIS 外壳发热情况需重点关注检测，并采用多手段综合检测分析。

2.9 凯歌变电站 126kV GIS 超声波局部放电检测发现自由颗粒缺陷

▶▶设备类别：【GIS】

▶▶单位名称：【国网宁夏电力公司电力科学研究院】

▶▶技术类别：【超声波检测】

2.9.1 案例经过

2015 年 11 月 28 日、12 月 2 日国网宁夏电力公司电力科学研究院受宁夏送变电工程公司委托对检修后的凯歌 330kV 变电站 126kV GIS Ⅲ母和Ⅳ母进行投运前交流耐压试验过程中超声波局部放电测试，在 126kV GIS Ⅳ母 A 相耐压试验时超声波局部放电检测存在异常信号。经诊断分析，判断该 126kV GIS Ⅳ母存在自由颗粒放电缺陷，解体检查发现 GIS 母线罐体底部存在杂质及颗粒。12 月 7 日，对母线彻底清理后进行交流耐压时超声波局部放电试验，超声波局部放电检测未见异常。

2.9.2 检测分析

11 月 28 日，对国网宁夏电力公司凯歌 330kV 变电站 126kV GIS 进行交流耐压试验时超声波局部放电测试，检测发现Ⅳ母 A 相（121 间隔至 122 间隔之间，即图 2-56 中 1 号与 2 号区域）超声波检测异常。检测数据见表 2-5。

表 2-5　　凯歌 330kV 变电站 126kV GIS Ⅳ母超声波局部放电检测数据

	PDS-T90 型		AIA-1 型
背景信号	AE 幅值 0.5 有效值[mV] 0.7 周期最大值[mV] 频率成分1[50Hz][mV] 频率成分2[100Hz][mV]		连续图谱 RMS value　0.5 mV Periodic peak value　1.5 mV Frequency 1 content　0.5 mV Frequency 2 content　0.5 mV
连续图谱	AE 幅值 1.5 有效值[mV] 8.1 周期最大值[mV] 0.4 频率成分1[50Hz][mV] 0 频率成分2[100Hz][mV]		连续图谱 RMS value　20 mV Periodic peak value　50 mV Frequency 1 content　5 mV Frequency 2 content　5 mV

PDS‐T90 型	AIA‐1 型
飞行图谱	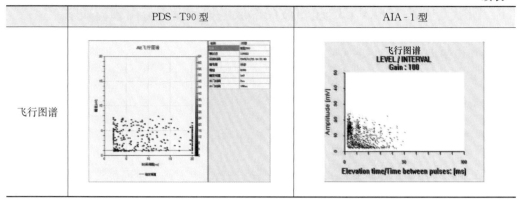

图 2‐56　凯歌 330kV 变电站 126kV GIS Ⅳ母超声波局部放电检测区域

由表 2‐5 中检测数据可以看出，Ⅳ母 121 间隔至 122 间隔之间区域超声波局部放电异常，超声波局部放电有效值和周期最大值高于背景信号值，且测试时信号周期最大值不稳定；两种不同超声波局部放电检测仪脉冲模式图谱（即飞行图）显示信号有明显的飞行时间，呈现出颗粒放电特征。两次不同测试时间段罐体内信号幅值最大区域由区域 1 漂移至区域 2，并且均表现为颗粒放电缺陷，分析判断Ⅳ母罐体内部存在自由颗粒放电缺陷。原因可能为 GIS 母线在现场进行重新组装、对接等过程时被二次污染，或现场装配时灰尘、异物未彻底清理干净。由于采用两种不同的超声波局部放电测试仪均测试到Ⅳ母 121 间隔至 122 间隔之间气室存在自由颗粒放电缺陷，11 月 29日，对凯歌 330kV 变电站 126kV GIS Ⅳ母 121 间隔至 122 间隔之间气室进行解体检修。由于母线较长且罐径小，外观检查未见明显金属颗粒，采用专用试纸对手孔周围底部壳体进行擦拭，可见大小约为 2mm×2mm 的类似导电胶的胶状颗粒及 0.5mm×1mm 的金属碎屑，检查结果如图 2‐57 中红圈所示。

12 月 2 日，对缺陷处理后，凯歌 330kV 变电站 126kV GIS 进行交流耐压试验时超声波局部放电测试，检测发现Ⅳ母 A 相（图 2‐56 中 1 号区域）超声波信号异常。检测数据如图 2‐58、图 2‐59 所示。

由测试结果可以看出，对凯歌 330kV 变电站 126kV GIS Ⅳ母进行解体处理后，Ⅳ

母 1 号区域超声波局部放电测试仍存在自由颗粒放电特征，并且峰值接近 20mV，飞行时间大于 50ms。

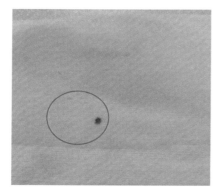 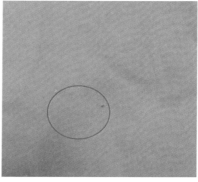

图 2-57　126kV GIS Ⅳ母解体检查结果

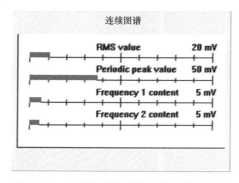 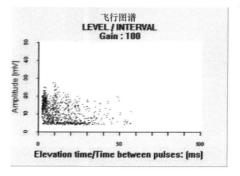

图 2-58　126kV GIS Ⅳ母 1 号区域超声波
局部放电连续图谱

图 2-59　126kV GIS Ⅳ母 1 号区域超声波
局部放电飞行图谱

12 月 4 日，再次对Ⅳ母 A 相进行解体检查，采用专用试纸进行擦拭，检查发现漆皮、胶状颗粒、金属碎屑及透明球状颗粒，具体如图 2-60 所示。

 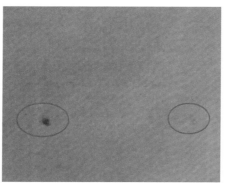 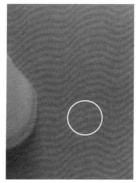

图 2-60　Ⅳ母 1 号区域解体检查结果

解体检查结果发现罐体内部仍存在杂质及颗粒，可见 11 月 29 日进行清理时由于母线罐体较长，Ⅳ母 1 号区域内部未清理干净造成颗粒放电现象仍然存在。

12月7日，对Ⅳ母1号区域及2号区域内部进行彻底清理后再次进行交流耐压试验及超声波局部放电测试，交流耐压试验合格，超声波局部放电检测未见异常。

2.9.3 处理及分析

由于对凯歌330kV变电站126kV GIS进行交流耐压试验同时进行超声波局部放电检测时，A相耐压呈现明显自由颗粒放电特征，在B、C相耐压时超声波局部放电检测未见异常，解体发现罐体内部存在杂质及颗粒，特对交流耐压过程中罐体底部电场分布情况进行仿真分析（交流耐压试验时，对其中一相耐压时，其他两相接地），结果如图2-61~图2-63所示。

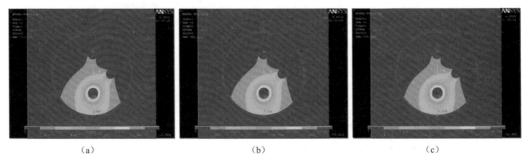

(a)　　　　　　　　　(b)　　　　　　　　　(c)

图2-61　A相交流耐压不同电压等级下电场分布情况

(a) 63.5kV；(b) 126kV；(c) 184kV

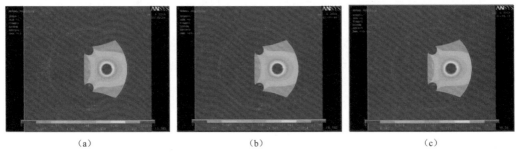

(a)　　　　　　　　　(b)　　　　　　　　　(c)

图2-62　B相交流耐压不同电压等级下电场分布情况

(a) 63.5kV；(b) 126kV；(c) 184kV

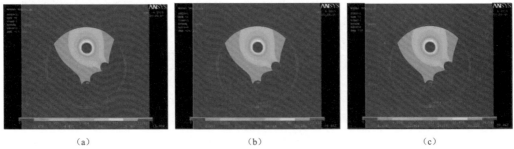

(a)　　　　　　　　　(b)　　　　　　　　　(c)

图2-63　C相交流耐压不同电压等级下电场分布情况

(a) 63.5kV；(b) 126kV；(c) 184kV

从三相交流耐压过程电场分布情况仿真结果可以看出，A 相位于母线内部最下方，在 A 相运行电压条件下罐体底部电场强度为 3.862kV/cm，在 B、C 相进行交流耐压时（A 相处于接地状态），罐体底部电场强度几乎为零。因此，在电场力、粒子力等的综合作用下，罐体底部存在杂质及颗粒时，A 相交流耐压过程中运行电压情况下会呈现自由颗粒特征，B、C 相随电压升高未检测出自由颗粒放电特征，与现场检测及解体检查结果相符。

2.9.4 经验体会

（1）对 GIS 进行交流耐压的同时进行超声波局部放电检测，能有效发现电气设备内部的潜伏性故障或缺陷，超声波局部放电带电检测对自由金属颗粒缺陷较敏感。

（2）由于不同设备内部导体结构型式不同，应根据不同的结构形式确定耐压的先后顺序，母线耐压时应选择最接近于壳体底部的相别进行，能更有效发现罐体底部颗粒放电信号，避免 GIS 重复耐压。

2.10 新桥 110kV 变电站 110kV GIS 红外成像检漏带电检测

▶▶设备类别：【GIS】

▶▶单位名称：【国网宁夏电力公司电力科学研究院、国网吴忠供电公司】

▶▶技术类别：【红外成像检漏、X 射线成像检测】

2.10.1 案例经过

2015 年 4 月 22 日，国网宁夏电力公司电力科学研究院在对国网宁夏电力公司吴忠供电公司新桥 110kV 变电站 110kV GIS 进行红外成像检漏时，发现 110kV 母联间隔存在漏气现象，进一步定位发现漏气部位位于 100A‑1 隔离开关 I 母侧盆式绝缘子浇注孔封盖及相邻螺栓。该气室超声波、特高频局部放电检测未发现异常信号，气室压力为 0.43MPa（额定压力为 0.4MPa）。由于盆式绝缘子浇注孔封盖无相关密封部位，且此处盆子为非气隔盆式绝缘子，分析判断该盆子内部可能存在裂纹或气隙等缺陷。为避免缺陷的逐步劣化，9 月对该气室进行解体检修，解体后发现盆式绝缘表面正常，并且密封垫状态正常。将解体后盆式绝缘子进行 X 射线成像检测，发现盆式绝缘子浇注孔至相邻盆式绝缘子上通孔部位存在不规则贯穿纹路，确定漏气原因为该盆式绝缘子内部存在细微贯穿裂纹，气室内部 SF_6 气体沿裂纹经浇注孔及相邻螺栓部位泄漏。

2.10.2　检测分析

4月22日，对新桥110kV变电站110kV GIS进行红外成像检漏，检测人员发现母联间隔100A-1隔离开关Ⅰ母侧盆式绝缘子浇注孔封盖及相邻螺栓有SF_6气体泄漏，其红外检漏结果如图2-64所示，对应的可见光图片如图2-65所示。

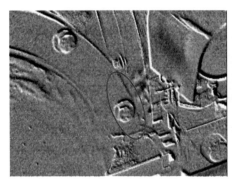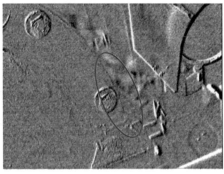

图2-64　100A-1隔离开关Ⅰ母侧盆式绝缘子处SF_6红外检漏图

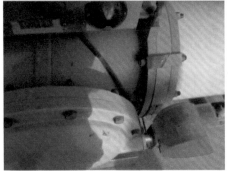

图2-65　100A-1隔离开关Ⅰ母侧盆式绝缘子处可见光图片

2.10.3　处理及分析

由于100A-1隔离开关气室自2014年7月以来平均每3个月补气一次，并且漏气部位位于盆式绝缘子，为防缺陷的进一步劣化，9月，对110kV母联间隔100A-1隔离开关进行解体检修，检查对应盆式绝缘子密封状况及表面完好性，未见异常，如图2-66所示。

为进一步查找盆式绝缘子漏气原因，对该盆式绝缘子进行X射线成像检测，检测结果如图2-67、图2-68所示。

对比漏气部位及正常部位X射线成像结果，100A-1隔离开关Ⅰ母侧盆式绝缘子漏气部位成像结果显示，盆式绝缘子浇注孔部位至相邻通孔部位存在细微不规则贯穿纹路，正常部位成像结果无相应纹路，确定漏气是由盆式绝缘子内部裂纹缺陷导致的，更换盆式绝缘子后 100A-1 隔离开关气室检漏正常。

图 2-66　100A-1 隔离开关 I 母侧盆式绝缘子解体照片

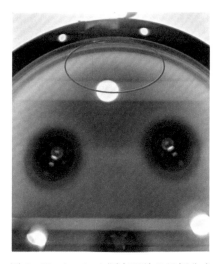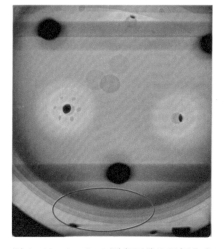

图 2-67　100A-1 隔离开关 I 母侧盆式　　　图 2-68　100A-1 隔离开关 I 母侧盆式
绝缘子漏气部位 X 射线成像结果　　　　　绝缘子正常部位 X 射线成像结果

2.10.4　经验体会

（1）红外成像检漏利用 SF$_6$ 气体的红外吸收特性进行检测，通过成像的烟雾状飘散阴影能够有效检测出设备漏气的部位，并且漏气的浓度越大，吸收强度就越大，烟雾状阴影就越明显。

（2）利用 X 射线成像对异常设备及部件进行检测，可以更准确掌握设备及部件内部缺陷的性质，与其他带电检测技术相结合，更能有效确诊缺陷性质及部位。

2.11 望远 110kV 变电站 110kV GIS 电压互感器局部放电缺陷

▶▶设备类别：【GIS 电压互感器】

▶▶单位名称：【国网宁夏电力公司电力科学研究院、国网银川供电公司】

▶▶技术类别：【超声波局部放电、特高频局部放电、SF₆ 气体检测】

2.11.1 案例经过

2010 年 6 月 10 日，在对 SF₆ 气体成分、微水、纯度检测时发现望远 110kV 变电站 110kV Ⅱ 母电压互感器 SF₆ 气体成分、含水量超标。根据该情况，在 6 月 17 日对望远 110kV 变电站 Ⅱ 母电压互感器超声波及超高频局部放电检测，测试采用超声波（AE）局部放电检测技术结合超高频局部放电（UHF）带电检测技术对放电缺陷进行监测，发现设备存在较高能量放电。将设备更换后解体检查，发现 B 相互感器铁芯有明显的烧灼碳化痕迹，电压互感器内部防腐漆已被熏黑。

2.11.2 检测分析

1. SF₆ 分解产物检测

6 月 10 日，对望远 110kV 变电站 110kV GIS 进行 SF₆ 气体检测，检测结果见表 2 - 6。

表 2 - 6 　　　　　　望远 110kV 变电站 110kV GIS SF₆ 气体检测结果

间隔名称	气室名称	$SO_2 + SOF_2$ （μL/L）	H_2S （μL/L）	HF （μL/L）	CO （μL/L）	湿度 （μL/L）	纯度 （%）
掌望线	避雷器、进线筒	0.00	0.00	0.01	38.1	40.22	99.7
Ⅰ 母 TV	TV	0.00	0.00	0.00	39.6	159.8	99.9
母联	断路器	0.00	0.00	0.00	29.9	36.20	99.9
Ⅱ 母 TV	TV	110.0	↑	↑	999.9	645.3	96.0
高望线 1202	母线筒隔离开关、TA	1.00	0.00	0.17	64.5	<26	99.3
	断路器	1.14	0.00	0.15	64.8	40.99	98.8
	进线筒	1.25	0.00	0.15	54.0	<26	99.4
母线筒	Ⅰ 母	0.85	0.00	0.16	67.8	47.52	99.9
	母联母线	1.41	0.00	0.11	39.4	<26	97.6
	Ⅱ 母	0.00	0.00	0.00	35.5	29.37	98.8

注　表中红字为气体检测发现的异常数据。

110kV Ⅱ母电压互感器 SF_6 气体成分中 SO_2+SOF_2 组分超过注意值，同时 H_2S、HF 含量超过仪器上限值无法显示，CO 含量接近标准上限，湿度及纯度也超标。

2. 局部放电带电检测

局部放电带电检测结果见表 2-7～表 2-9。

表 2-7   A 相 检 测 结 果

检测方法	A 相检测结果
特高频法检测	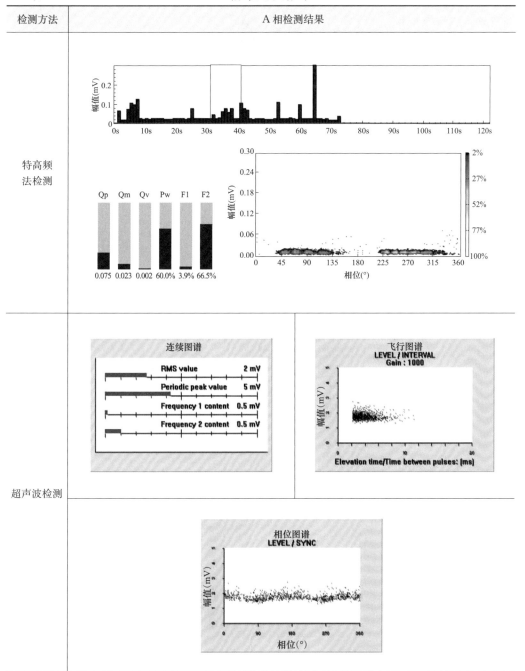
超声波检测	

表 2 - 8   B 相 检 测 结 果

检测方法	B相检测结果
特高频 法检测	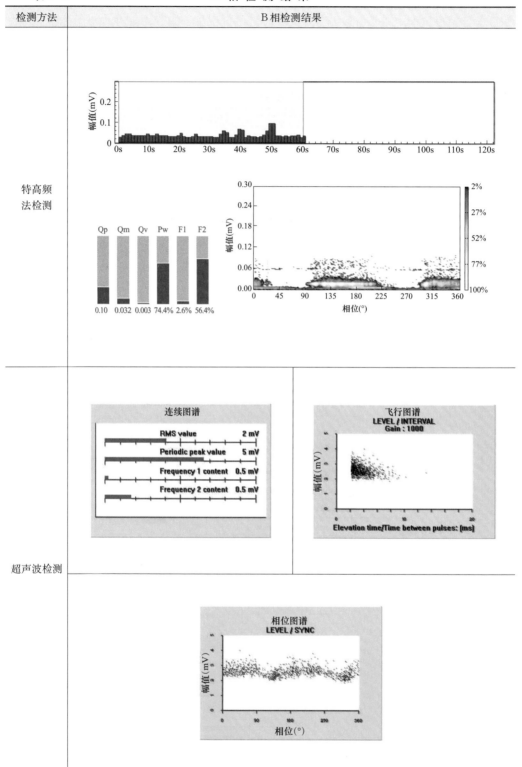
超声波检测	

54

表2-9   C 相 检 测 结 果

检测方法	C相检测结果
特高频 法检测	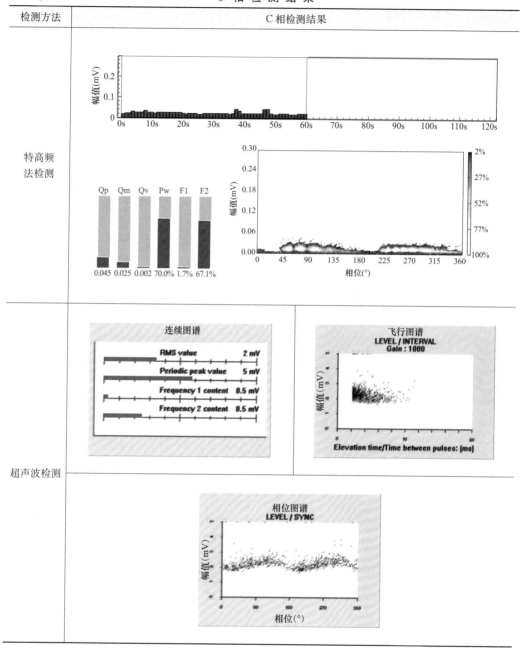
超声波检测	

从特高频局部放电测试结果来看，以 B 相系统电压为基准同步，测试结果中双分频含量远高于单分频含量，显示为悬浮放电。结合超声波局部放电测试结果，确定互感器内部存在悬浮放电，峰值约为 3.3mV，由于特高频测试以 B 相系统电压为基准同步，确定放电点在互感器 B 相内部存在放电，根据互感器内部结果判定放电由互感器 B 相铁芯悬浮或多点接地造成。

2.11.3 处理及分析

8月22日，国网银川供电公司及设备生产厂家将设备更换后解体检查，发现B相互感器铁芯有明显的烧灼碳化痕迹，电压互感器内部防腐漆已被熏黑，如图2-69所示。

同时对C相互感器解体检查也发现明显的放电烧灼痕迹，如图2-70所示。

图2-69　B相互感器解体检查　　　　图2-70　C相互感器解体检查

现场解体结果与试验数据相互印证，检查结果与试验判断结果基本一致，互感器内部存在放电情况，电压互感器绝缘受损。

设备的放电点确定为TV的铁芯，放电现象明显与实验数据吻合。

设备的放电位置与TV的充气孔位置基本水平，B、C相现象明显，A相（2004年故障后更换设备）也有发生放电的迹象。

设备检查结果发现出现绝缘降低的位置均在电压互感器气体连接部位，即充气口位置，据此判断电压互感器在运行过程中此处应为气体流动的死点，易积累水分及微小的杂物，进而造成互感器的铁芯部分绝缘下降，在长期运行后容易出现匝间绝缘下降。同时由于分子筛使用时间较长，其内部稀释水分达到饱和后也会出现不同程度的析出，造成内部水分出现异常。

2.11.4 经验体会

（1）利用SF_6气体成分测试及超声波、特高频局部放电相结合的方法，能够有效地检测GIS内部出现的故障，三种检测方法相互印证、比对使试验结果更为准确，且三种测试方法均为带电测试，实施较为简单，限制条件较少。

（2）同时，此三种方法也有一定的局限性，超声波局部放电测试精度较低，受背景环境噪声影响较明显；特高频局部放电测试不能对含有金属屏蔽的GIS绝缘子进行测试；而SF_6成分测试的气体组分测试精度还有待提高，尽管如此此三种方法作为目前对于 GIS 不停电检测的主要手段来说还是比较成熟的，三种方法共同使用对于设备的故障判断、故障定位还是较为准确的，是值得推广的技术检测方法。

2.12 柔远 110kV 变电站 110kV GIS Ⅱ 母电压互感器机械振动缺陷

▶▶设备类别：【GIS 电压互感器】
▶▶单位名称：【国网中卫供电公司、国网宁夏电力公司电力科学研究院】
▶▶技术类别：【超声波局部放电检测】

2.12.1 案例经过

2016 年 2 月 23 日，国网中卫供电公司在对柔远 110kV 变电站 GIS 进行超声波、特高频局部放电测试时，发现在 110kV Ⅱ 母电压互感器处存在异常信号。在经过超声波局部放电和暂态地电压局部放电检测，局部放电数据异常。邀请国网宁夏电力公司电力科学研究院进行超声波和特高频定位检测，确定该处存在较为严重的机械振动现象。解体检查处理后，该电压互感器超声波局部放电检测正常。

2.12.2 检测分析

（1）超声波局部放电检测。检测人员使用 XD5352 对柔远 110kV 变电站 GIS 母线进行带电测试，并在 Ⅱ 母电压互感器检测到异常的超声波信号如图 2 - 71 所示。最大峰值达到 50dB，具有较强的 100Hz 相关性。

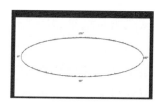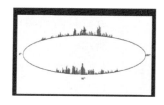

图 2 - 71　Ⅱ 母电压互感器气室超声波测试图谱

使用 AIA 型 GIS 局部放电故障定位仪对 110kV Ⅱ 母电压互感器带电测试异常超声波信号，如图 2 - 72 所示。

从图 2 - 72 中可知，连续图谱中的峰值约为 125mV，为背景值的 125 倍（背景为 1.0mV），为 Ⅰ 母电压互感器的 100 倍，呈现出较强的 100Hz 相关性，与悬浮放电连续图谱相似，但 Ⅱ 母电压互感器气室超声波相位图呈现竖线并在零点左右均匀分布，与 DL/T 1250—2013《气体绝缘金属封闭开关设备带电超声波局放检测应用导则》附录 A 超声局部放电检测典型图中图 A.4（见图 2 - 73）一致，判断为机械振动放电缺陷。

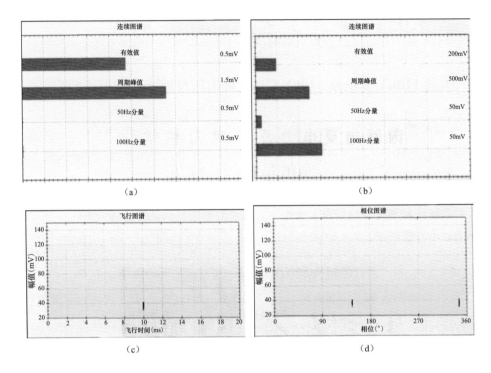

（a）　　　　　　　　　　　　　　　（b）

（c）　　　　　　　　　　　　　　　（d）

图 2-72　Ⅱ母电压互感器带电测试异常超声波信号

（a）超声波连续背景图；（b）Ⅱ母电压互感器超声波连续图谱

（c）Ⅱ母电压互感器气室超声波飞行图；（d）Ⅱ母电压互感器气室超声波相位图

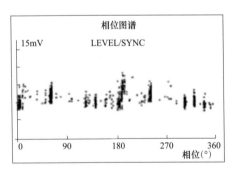

图 2-73　机械振动放电的典型图谱

（2）特高频局部放电检测情况。为进一步判断确认缺陷的例行，对Ⅱ母电压互感器气室进行特高频测试，测试图谱及结果如图 2-74 所示。

由图 2-74 可以看出，未发现异常特高频信号。综合超声波及特高频的测试图谱及结果，判断该气室存在机械振动缺陷。

结合 110kV Ⅱ母电压互感器内部结构图（见图 2-75），可判断为铁芯夹件松动或电压互感器铁芯铁磁震动造成的机械振动。

2.12.3　处理及分析

2016 年 4 月 8 日，国网中卫供电公司工作人员与江苏无锡恒驰工作人员赴现场，对柔远变电站 110kV Ⅱ母电压互感器解体检查情况进行现场见证，外观检查无异常，各紧固件连接可靠、无松动迹象，铁芯叠片个别部位有不平整现象，如图 2-76 所示。

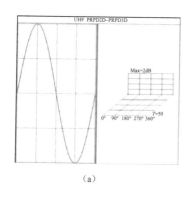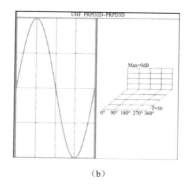

（a）　　　　　　　　　　　　　（b）

图 2-74　Ⅱ母电压互感器气室特高频测试图谱及结果

（a）背景图谱 UHF PRPD2D-PRPD3D 图谱；（b）电压互感器气室 UHF PRPD2D-PRPD3D 图谱

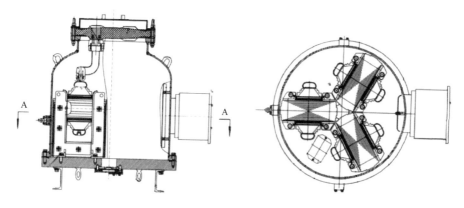

图 2-75　电压互感器内部结构图

2.12.4　经验体会

（1）应加强 GIS 投运后 3 月内的首次带电测试工作，便于后期数据纵向比较分析判断。

（2）GIS 局部放电检测可以较好地发现内部潜在放电缺陷，但要通过多种测试手段进行综合分析判断，不断地经验积累，有效排除干扰，对设备故障进行准确的分析判断，避免事故的发生。

图 2-76　铁芯叠片稍有不平整处

开关柜状态检测典型案例

3.1　谢儿渠 35kV 变电站 35kV 303 开关柜穿柜套管绝缘放电缺陷

▶▶设备类别：【开关柜穿柜套管】

▶▶单位名称：【国网宁东供电公司、国网宁夏电力公司电力科学研究院】

▶▶技术类别：【超声波检测、暂态地电压检测、特高频检测】

3.1.1　案例经过

2016 年 1 月 26 日，国网宁东供电公司试验班对谢儿渠 35kV 变电站 35kV 开关柜进行超声波（AE）、暂态地电压（TEV）、特高频（UHF）局部放电联合带电测试，发现"35kV 2 号站用变压器 303 开关柜"后上部位置存在幅值为 14.6mV 的异常超声波信号，特高频放电信号幅值为 56dB，暂态地电压检测未发现异常。

通过定位分析，最终判断信号来自于开关柜后上部母线仓位置，为绝缘放电。最后停电处理验证测试结论准确性。

开关柜为江苏东源电器集团股份有限公司生产，型号为 KYN‐40.5，出厂日期为 2015 年 5 月。

3.1.2　检测分析

2016 年 1 月 26 日，使用 PDS‐T90 型局部放电测试仪，采用超声波、暂态地电压、特高频巡检仪对该高压室开关柜进行局部放电带电巡检普测。

（1）超声波检测。发现"35kV 2 号站用变压器 303 开关柜"后上部母线仓缝隙处超声波信号异常，信号幅值达到 14.6mV。频率成分 1＞频率成分 2，且频率成分含量不稳定。检测仪耳机中能够听到明显放电声响，波形图谱显示每个工频周期有两簇放电脉冲，每簇放电脉冲具有诸多小的尖波出现，放电信号稳定。超声波幅值和波形图谱如图 3‐1 所示。

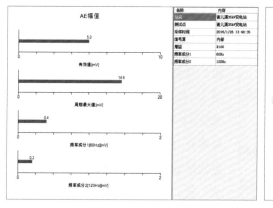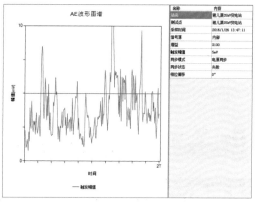

图 3-1　超声波幅值和波形图谱

（2）暂态地电压检测。通过暂态地电压检测，暂态地电压金属背景值为 9dB，整个高压开关柜暂态地电压检测幅值为 8～12dB，暂态地电压检测未发现异常。

（3）特高频检测。使用 PDS-T90 对 35kV 2 号站用变压器 303 开关柜进行特高频测试，在前后观察窗处均检测到异常特高频信号，信号幅值为 56dB，特高频信号工频相关性强，每个工频周期有两簇脉冲信号，每簇信号幅值大小不一，初步判断为绝缘放电。需要进行精确定位，确定信号精确位置。特高频 PRPD/PRPS 图谱和特高频周期图谱如图 3-2 所示。

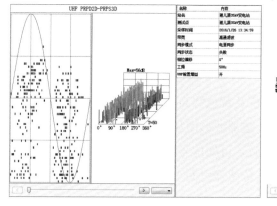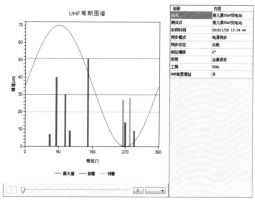

图 3-2　特高频 PRPD/PRPS 图谱和特高频周期图谱

1）特高频法定位。使用 PDS-G1500，采用特高频时差定位法，对 35kV 2 号站用变压器 303 开关柜存在的异常放电信号进行精确定位，查找放电源具体位置。

a. 局部放电信号类型的分析。如图 3-3 所示，可以观察到每个工频周期（20ms）内特高频出现两簇脉冲信号，波形与手持式设备测试结果一致，每簇脉冲信号幅值不一，每周期两簇脉冲信号正负半周基本对称，特高频信号最大幅值达到 534mV，综合判断为绝缘放电。

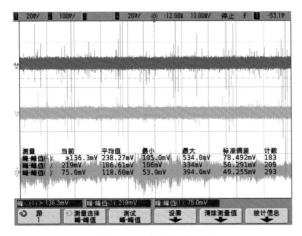

图 3-3　放电类型图谱

b. 局部放电信号定位分析。

（a）局部放电信号横向定位分析。将红色及黄色特高频传感器放置在 2 号站用变压器 303 开关柜后柜如图 3-4（a）位置，示波器波形图如图 3-4（b）所示，红色传感器波形与黄色传感器波形的起始沿基本一致，可知信号到达两传感器的时间基本一致，说明信号源位于如图 3-4（a）所示红黄传感器之间平分面上［如图 3-4（a）绿色线所在平面上］。

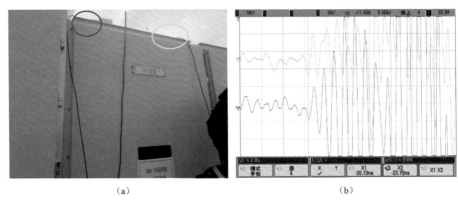

(a)　　　　　　　　　(b)

图 3-4　横向定位传感器布置图和定位波形

(a) 布置图；(b) 定位波形

（b）局部放电信号高度定位分析。将红色及黄色特高频传感器放置在 2 号站用变压器 303 开关柜后柜如图 3-5（a）位置，示波器波形图如图 3-5（b）所示，红色传感器波形与黄色传感器波形的起始沿基本一致，可知信号到达两传感器的时间基本一致，说明信号源位于如图 3-5（a）所示红黄传感器之间平分面上［如图 3-5（a）绿色线所在平面上］。

（c）局部放电信号深度定位分析。分别将红色传感器、黄色传感器放置在 2 号站用变压器 303 开关柜前后柜面等高位置，红色传感器在前柜观察窗处，黄色传感器在后柜观察窗处，示波器波形图如图 3-6（b）所示，红色传感器超前黄色传感器波形的起始沿 3ns，通过电磁波传播速度及波形起始沿时差计算得知信号源深度距离前柜门约 1.4m 处，如图 3-6（a）绿线所示平面。

2）定位结论。综上所述，2 号站用变压器 303 开关柜后上部母线仓内存在局部放电现象，放电类型为绝缘放电，放电源具体位置如图 3-7、图 3-8 所示。

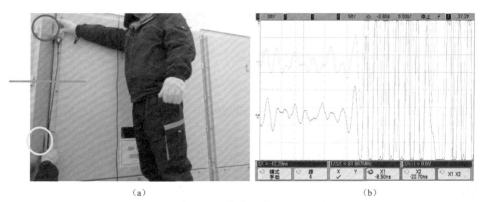

（a）　　　　　　　　　　　　（b）

图 3-5　高度定位传感器布置图和定位波形

（a）布置图；（b）定位波形

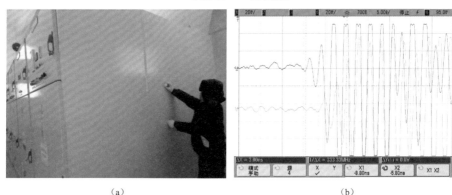

（a）　　　　　　　　　　　　（b）

图 3-6　深度定位和定位波形

（a）深度定位；（b）定位波形

图 3-7　上下左右位置　　　　　　　图 3-8　深度位置

3.1.3　处理及分析

2016 年 3 月 20 日，对"35kV 2 号站用变压器 303 开关柜"进行停电检查处理。停电后发现 2 号站用变压器 303 开关柜母线仓内 B 相穿柜套管内屏蔽接地线绝缘层损坏，屏蔽线对套管内壁放电，存在明显放电痕迹及大量烧蚀粉末，放电源位置及放电痕迹如图 3-9、图 3-10 所示。

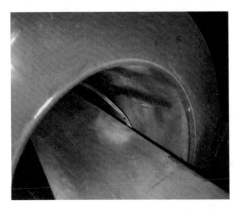

图 3-9　放电点位置示意图（B相穿柜套管）　　图 3-10　放电痕迹（屏蔽线对套管内壁放电）

3.1.4　经验体会

（1）特高频法能够精确确定放电发生的部位，对查找故障点提供了依据。

（2）利用超声波结合特高频法进行有效验证。

（3）局部放电在发展过程中放电类型也在逐步发生变化。

（4）当用一种局部放电检测方法检测到疑似放电信号时，宜采用多种手段进行相互验证。

3.2　龙泉110kV变电站10kV开关柜多点悬浮及绝缘放电缺陷

▶▶设备类别：【10kV开关柜】

▶▶单位名称：【国网石嘴山供电公司】

▶▶技术类别：【超声波检测、暂态地电压检测、特高频检测】

3.2.1　案例经过

2016年3月24日，国网石嘴山供电公司实验班对龙泉110kV变电站进行局部放电检测，在对10kV开关柜进行超声波（AE）、暂态地电压（TEV）、特高频（UHF）局部放电联合带电测试，发现10kV 2号主变压器502开关柜特高频存在异常信号，幅值最大为60dB，暂态地电压幅值为13dB，超声检测正常。

通过特高频时差定位分析，最终判断信号来自于开关柜ABC三相母排向下套管转角处，放电类型为多点悬浮及绝缘放电，幅值较大为1.8V，停电检修验证了定位分析判断的正确性。

开关柜为明翰电气生产，型号为ZS8N，出厂日期不详。

3.2.2　检测分析

2016年3月24日，使用PDS-T90型局部放电测试仪，采用超声波、暂态地电压、特高频巡检仪对龙泉 110kV 变电站 10kV 高压室开关柜进行局部放电带电巡检普测。

1. 超声波检测

对 10kV 2 号主变压器 502 开关柜进行超声波普测，未发现异常，具体数据如图 3-11 所示。

2. 暂态地电压检测

暂态地电压背景值为 8dB，10kV 2 号主变压器 502 开关柜暂态地电压幅值为 13dB，暂态地电压测试幅值未超过环境 20dB，判断暂态地电压测试正常。

3. 特高频检测

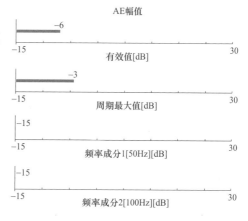

图 3-11 超声波幅值图谱

使用 PDS-T90 对 10kV 2 号主变压器 502 开关柜进行特高频测试，特高频信号测到异常局部放电信号，如图 3-12 所示。

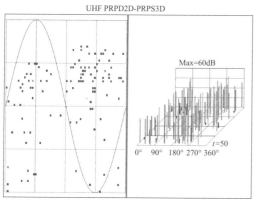

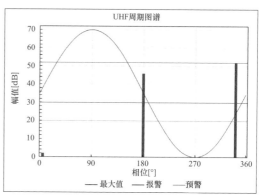

图 3-12 特高频 PRPD/PRPS 图谱及周期图谱

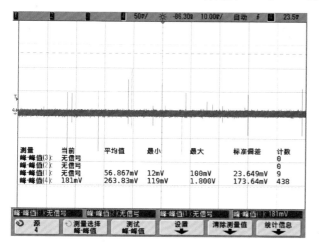

图 3-13 10ms 示波器波形图

（1）特高频时差定位。使用 PDS-G1500 特高频时差方式对 10kV 2 号主变压器 502 开关柜进行精确定位，查找放电源具体位置。如图 3-13 所示，示波器 10ms 波形图一个工频周期（20ms）内出现多根脉冲信号，具有多点放电特征，放电类型绝缘及悬浮放电特征，幅值最大为 1.8V 左右，建议停电处理。

1）横向定位。两传感器位置

如图 3-14 所示 3 次放置，黄色传感器波形与红色传感器波形均出现重合，说明 3 次放置放电源都在两个传感器之间的中垂面上，即图 3-14 中 3 次蓝色竖线面上。

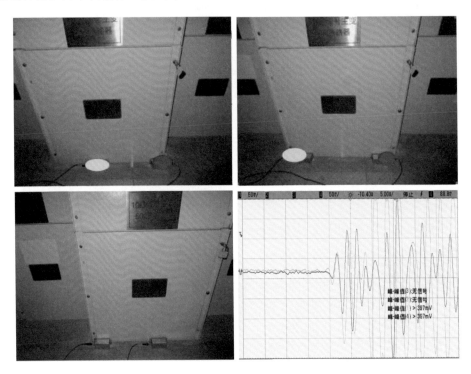

图 3-14　横向定位传感器位置及检测定位数据图

2）高度定位。两传感器位置如图 3-15 所示，定位波形可见红色波形略超前于黄色波形 500ps（约 15cm），经计算可判断放电源在两个传感器中间偏上 7cm 处所处的平面。

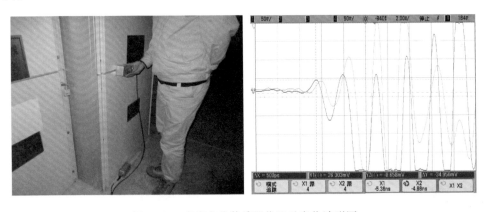

图 3-15　高度定位传感器位置及定位波形图

3）深度定位。两传感器位置如图 3-16 所示，黄色、红色为特高频传感器。如图 3-16 所示，黄色信号超前红色信号 7.2ns（约 2m），说明放电源到黄色传感器近，信号来自于柜后，靠近柜后门。结合上述定位过程，放电源位置如图 3-17 所示红色区域内。

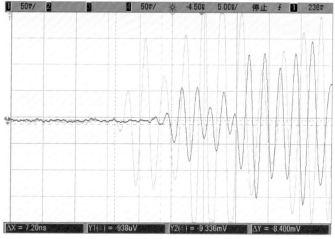

图 3-16　深度定位传感器位置及定位波形图

（2）定位结论。经定位定性分析得出 10kV 2 号主变压器 502 开关柜存在为多点放电，放电类型判断为绝缘及悬浮放电，幅值为 1.8V 左右，定位于开关柜后下方 A、B、C 三相母排向下套管转角处。

图 3-17　局部放电源现场位置

3.2.3　处理及分析

2016 年 5 月 5 日对龙泉 110kV 变电站 10kV 2 号主变压器 502 开关柜进行停电检修处理，现场发现套管下部存在金属落物，具体图片如图 3-18 所示。

3.2.4　经验体会

（1）手持式巡检 PDS-T90 特高频检测是开关柜测试最有效的一种检测定位手段，

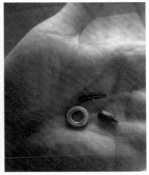

图 3-18 放电源解体图片

对局部放电隐形缺陷具有很好发现能力。

（2）该类型放电会对套管绝缘造成不可逆的损伤，导致绝缘材料加速老化，降低绝缘强度，后期可能失去绝缘而导致击穿故障。

3.3 隆湖 110kV 变电站 35kV 开关柜高压熔丝悬浮放电缺陷

▶▶设备类别：【开关柜高压熔丝】
▶▶单位名称：【国网石嘴山供电公司】
▶▶技术类别：【超声波检测、暂态地电压检测、特高频检测】

3.3.1 案例经过

2016 年 3 月 9 日，国网石嘴山供电公司实验班对隆湖 110kV 变电站 35kV 开关柜进行超声波（AE）、暂态地电压（TEV）、特高频（UHF）局部放电联合带电测试，发现"35kVⅡ母 TV"开关柜特高频存在放电信号，幅值为 60dB，暂态地电压信号为40dB，超声未检测到异常。

通过定位分析，结合内部结构最终判断信号为悬浮电位放电，怀疑为开关柜内 B相高压熔丝上端接触不良，且放电严重，已经产生金属粉末，停电检修验证了定位分析判断结论的正确性。

开关柜为潍坊环宇高压开关厂生产，型号为 GBC-35，出厂日期为 1999 年 12 月。

3.3.2 检测分析

2016 年 3 月 9 日，使用 PDS-T90 型局部放电测试仪，采用超声波、暂态地电压、特高频巡检仪对该 35kV 高压室开关柜进行局部放电带电巡检普测。

1. 超声波检测

对"35kVⅡ母 TV"开关柜进行超声普测，超声未见异常，具体数据如图 3-19

所示。

2. 暂态地电压检测

通过暂态地电压检测，发现大部分开关柜上暂态地电压幅值达到 30dB 以上，该开关柜最大为 40dB。

3. 特高频检测

使用 PDS－T90 对"35kV Ⅱ母 TV"开关柜进行特高频测试，发现异常特高频信号，检测图谱如图 3－20 所示。该开关柜特高频信号幅值最大为 60dB，示波器幅值达到 2V，特高频信号工频相关性强，每周期两大簇，每簇都存在较多大信号，初步判断为悬浮电位放电。需要进行精确定位，确定信号精确位置。

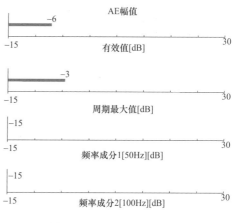

图 3－19 超声波幅值图谱

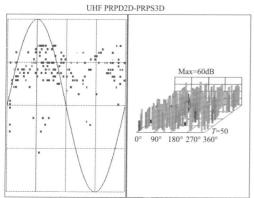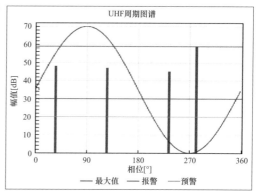

图 3－20 特高频 PRPD/PRPS 图谱和周期图谱

（1）特高频法定位。使用 PDS－G1500，采用特高频法，对"35kV Ⅱ母 TV"开关柜进行精确定位。如图 3－21、图 3－22 所示位置放置传感器，对应图谱如图 3－23、图 3－24 所示。

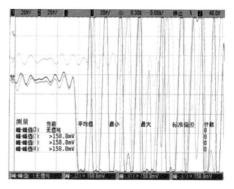

图 3－21 柜前纵向定位图　　　　　图 3－22 柜前纵向定位波形

图 3 - 23　柜前横向定位图

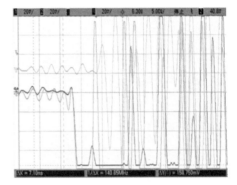

图 3 - 24　柜前横向定位波形

（2）定位结论。"35kV Ⅱ母 TV"开关柜存在悬浮电位放电，定位在开关柜 B 相，高度在开关柜下部柜体上部，综合判断信号源位置在 B 相高压熔丝上端连接处位置。

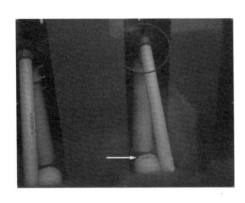

图 3 - 25　B 相高压熔断器接触不良放电

3.3.3　处理及分析

停电检修发现，隆湖 110kV 变电站 35kV Ⅱ母 TV 开关柜 B 相高压熔断器接触不良引起悬浮放电缺陷（见图 3 - 25），长期放电已形成粉尘堆积。停车处理后，悬浮放电信号消失。

3.3.4　经验体会

（1）特高频法能够精确确定放电发生的放电位置，对后续停电检修做好备件工作很重要。悬浮放电一般可以忍受一段时间，但产生的放电产物（金属粉尘）对运行造成威胁，会导致绝缘件闪络故障。

（2）当用一种局部放电检测方法检测到疑似放电信号时，宜采用多种手段进行相互验证。

3.4　长青 110kV 变电站 10kV 母联开关柜穿屏套管悬浮及绝缘放电缺陷

▶▶设备类别：【开关柜穿柜套管】

▶▶单位名称：【国网石嘴山供电公司】

▶▶技术类别：【超声波检测、暂态地电压检测、特高频检测】

3.4.1　案例经过

2016 年 3 月 24 日，国网石嘴山供电公司实验班对长青 110kV 变电站 10kV 开关柜进行超声波（AE）、特高频（UHF）、暂态地电压（TEV）局部放电联合带电测试，普测发现"10kV 母联隔离开关"开关柜存在异常局部放电信号，超声测试幅值为21dB，特高频测试幅值为 54dB，暂态地电压信号幅值为 11dB。

开关柜为江苏赛威电气设备有限公司生产，型号为 KYN28‐12，生产日期为 2010年 12 月。

通过超声幅值定位分析，最终判断信号来自于穿屏套管等电位线松脱悬浮及绝缘放电，最后解体验证了测试的准确性。

3.4.2 检测分析

2016 年 3 月 24 日，使用 PDS‐T90 型局部放电测试仪，采用超声波、特高频方法对 10kV 开关柜进行局部放电带电巡检普测。

1. 超声波检测

发现"10kV 母联隔离开关"开关柜后面右侧超声波信号异常，信号幅值达到21dB，频率成分 1∶1，频率成分 2∶4，频率成分 2 大于频率成分 1，由超声波测试图谱判断 10kV 母联隔离开关柜存在严重局部放电现象。现场最大点图片和超声波测试图谱如图 3‐26 所示。

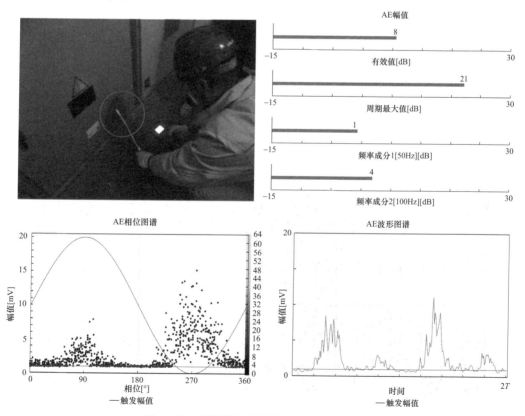

图 3‐26 现场最大点图片和超声波测试图谱

2. 暂态地电压检测

暂态地电压为背景值为 5dB,该开关柜为 11dB,暂态地电压测试幅值正常。

3. 特高频检测

使用 PDS - T90 对 10kV 母联隔离开关柜进行特高频测试,发现异常特高频信号,信号幅值 54dB,特高频信号工频相关性强,每周期两簇,每簇信号大小参差不同,初步判断为绝缘放电。特高频幅值图谱如图 3 - 27 所示。

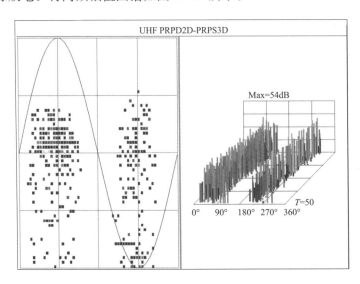

图 3 - 27 特高频幅值图谱

3.4.3 处理及分析

现场对"10kV 母联隔离开关"开关柜进行局部放电源查找发现,在开关柜的观察窗可见穿屏套管的等电位线靠在母排上产生放电痕迹,并有小点火花。处理前、后现描图片如图 3 - 28、图 3 - 29 所示。

图 3 - 28　处理前现场图片

图 3 - 29　处理后现场图片

3.4.4 经验体会

（1）超声幅值法能够精确定位放电区域，为停电提供科学的检修方案，避免出现大规模盲目更换部件，节约成本和时间。

（2）当用一种局部放电检测方法检测到疑似放电信号时，宜采用多种手段进行相互验证，确定放电类型，评估放电严重程度，为停电检修提供科学依据。

3.5 灵武 110kV 变电站 35kV 开关柜母线连接外绝缘及悬浮放电缺陷

▶▶设备类别：【开关柜内绝缘子】
▶▶单位名称：【国网银川供电公司】
▶▶技术类别：【超声波检测、暂态地电压检测、特高频检测】

3.5.1 案例经过

2016 年 5 月 24 日，国网银川供电公司实验班对灵武 110kV 变电站 35kV 开关柜进行超声波（AE）、暂态地电压（TEV）、特高频（UHF）局部放电联合带电测试，发现 35kV "灵桐线 314、灵临线 311、灵机线 313" 开关柜特高频存在放电信号，幅值最大为 54dB，暂态地电压信号异常为 45dB，超声波检测正常。

通过特高频定位分析，最终判断信号来自于开关柜下部穿屏套管前端母排连接处，放电类型为绝缘及悬浮放电，放电部位出现粉末，痕迹明显，建议尽快处理。

开关柜为中华人民共和国北京开关厂生产，型号为 GBC‑35A，出厂日期为 1997 年 2 月。

3.5.2 检测分析

2016 年 5 月 24 日，使用 PDS‑T90 型局部放电测试仪，采用超声波、暂态地电压、特高频巡检仪对灵武站 35kV 高压室开关柜进行局部放电带电巡检普测。

1. 超声波检测

对 "灵桐线 314、灵临线 311、灵机线 313" 开关柜进行超声波普测，未发现异常，具体数据如图 3‑30 所示。

2. 暂态地电压检测

暂态地电压为背景值为 17dB，该 3 个

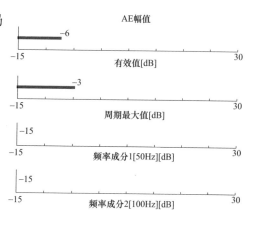

图 3‑30 超声波幅值图谱

开关柜幅值为 40～45dB，暂态地电压测试幅值超过环境 20dB 以上，判断暂态地电压测试异常，存在局部放电现象。

3. 特高频检测

使用 PDS-T90 对"灵桐线 314、灵临线 311、灵机线 313"开关柜进行特高频测试，特高频信号都测到异常局部放电信号，如图 3-31～图 3-33 所示。

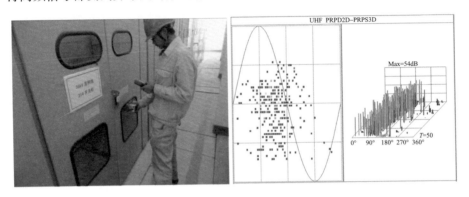

图 3-31　灵桐线 314 测试及特高频 PRPD/PRPS 图谱

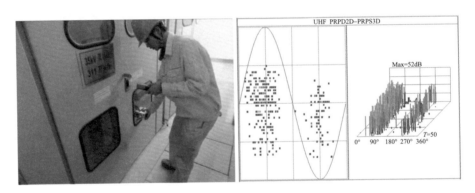

图 3-32　灵临线 311 测试及特高频 PRPD/PRPS 图谱

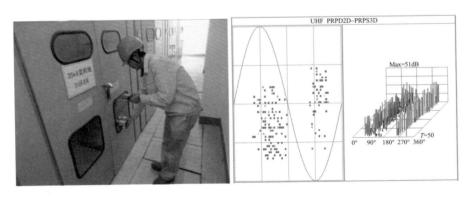

图 3-33　灵机线 313 测试及特高频 PRPD/PRPS 图谱

（1）特高频时差定位。使用 PDS-G1500 特高频时差方式对"灵桐线 314、灵临线 311、灵机线 313"开关柜进行精确定位，定位分析过程如图 3-34 所示，示波器

10ms波形图一个工频周期（20ms）内出现两簇放电脉冲信号，信号大小分布不均，具有绝缘及悬浮放电特征，幅值最大为560mV，幅值相对较大，建议跟踪测试，尽快处理。

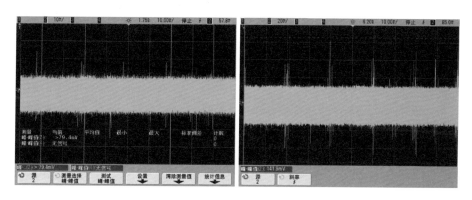

图3-34　10ms示波器波形图

（2）横向定位。两传感器位置如图3-35所示，由定位波形可见绿色传感器波形与红色传感器波形基本重合，说明放电源在两传感器之间的中垂面上，即图3-35所示蓝圈线面上。

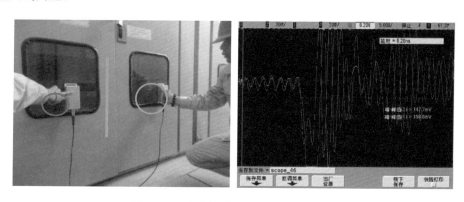

图3-35　定位传感器位置及定位波形图

（3）高度定位。两传感器位置按图3-36所示放置，由定位波形可见绿色传感器波形与红色传感器波形基本重合，说明放电源在两传感器之间的中垂面上，即图3-36所示蓝圈线面上。结合上述定位过程综合判断放电源位置在如图3-37所示红圈标示内。

（4）定位结论。根据定位位置和开关柜结构，判断"灵桐线314、灵临线311、灵机线313"开关柜存在绝缘及悬浮放电，定位位置在开关柜下部B相穿屏套管母排连接处。

3.5.3　处理及分析

根据放电源定位位置，结合开关柜结构进行放电部位查找，在灵桐线314、灵临

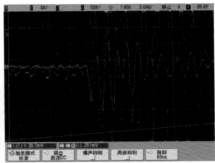

图 3-36　高度定位传感器位置及定位波形图

线 311、灵机线 313 开关柜下部 B 相母排连接穿屏套管处均发现不同深度的放电痕迹，下方地面均有金属粉末和油渍，具体图片如图 3-38、图 3-39 所示。

图 3-37　局部放电源现场位置图　　　　　图 3-38　放电源痕迹图片 1

图 3-39　放电源痕迹图片 2

3.5.4　经验体会

（1）手持式巡检 PDS-T90 特高频检测是开关柜测试最有效的一种检测定位手段，灵敏度最高，很容易发现开关柜隐形缺陷。

（2）该绝缘类型放电缺陷非常危险，套管处连接部位已经出现生锈和漏油现象，绝缘损坏严重，后期可能失去绝缘，导致击穿故障。

（3）PDS-G1500设备开关柜特高频时差定位，可精确定位到厘米级，为开关柜检修提供精确位置和放电部件，避免更换多个部件，节约检修成本和时间。

3.6 芦花220kV变电站35kV开关柜电缆伞裙表面放电缺陷

▶▶设备类别：【开关柜内电缆】

▶▶单位名称：【国网银川供电公司】

▶▶技术类别：【超声波检测、暂态地电压检测、特高频检测】

3.6.1 案例经过

2016年6月16日，国网银川供电公司实验班对芦花220kV变电站35kV开关柜进行超声波（AE）、暂态地电压（TEV）、特高频（UHF）局部放电联合带电测试，发现1号站用变压器25317开关柜超声波存在放电信号，幅值最大为6dB（密封性较好），暂态地电压信号25dB，特高频检测正常。

通过超声波定位分析，最终判断信号来自于开关柜C相电缆下部伞裙对绝缘挡板放电，放电类型为绝缘表面放电，放电痕迹明显，解体验证结论的正确性。

开关柜为锦州新生开关有限责任公司，型号为ZN12-40.5，出厂日期为2003年8月。

3.6.2 检测分析

2016年6月16日，使用PDS-T90型局部放电测试仪，采用超声波、暂态地电压、特高频巡检仪对该35kV高压室开关柜进行局部放电带电巡检普测。

1. 超声波检测

在对1号站用变压器25317开关柜进行超声波普测时，检测到超声波异常，由于传播距离较远，频率成分不明显，耳机能听到明显放电声音，具体数据如图3-40所示。

2. 暂态地电压检测

暂态地电压为背景值为20dB，该开关柜为25dB，暂态地电压测试幅值正常。

3. 特高频检测

使用PDS-T90对1号站用变压器25317开关柜进行特高频测试，特高频信号没有测到异常，如图3-41所示。

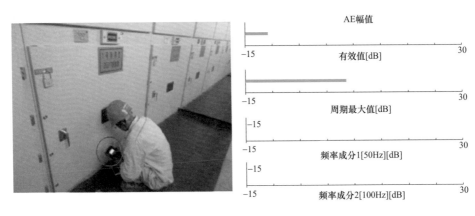

图 3-40   超声波定位和图谱

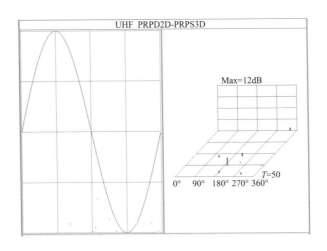

图 3-41   特高频 PRPD/PRPS 图谱

4. 超声波幅值法定位

使用 PDS-T90，采用超声波幅值法，对 1 号站用变压器 25317 开关柜进行精确定位，定位如图 3-42 所示。

图 3-42   1 号站用变压器 25317 开关柜超声定位

5. 定位结论

1 号站用变压器 25317 开关柜 C 相电缆伞裙与挡板存在绝缘表面放电，定位位置伞裙已发现明显放电痕迹，部分出现绝缘老化。

3.6.3 处理及分析

芦花 220kV 变电站 35kV 开关柜 1 号站用变压器 25317 开关柜 C 相电缆下部伞裙对绝缘挡板放电，放电类型为绝缘表面放电，放电痕迹明显。停电检查发现 C 相电缆伞裙与开柜柜内金属隔板搭接形成放电通道，如图 3-43 所示。经现场处理，将电缆伞裙拉开至安全距离，放电信号消失。

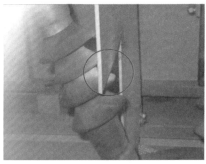

图 3-43　放电源现场图片

3.6.4 经验体会

（1）手持式巡检 PDS-T90 超声波幅值定位是开关柜测试很有效的一种检测定位手段。

（2）该类型放电缺陷会使绝缘伞裙材料受损，造成绝缘强度减弱，最后可能有击穿危险。

（3）开关柜电缆伞裙结构是为了在有严重粉尘的环境中，增加电缆接头爬电距离；若伞裙受损，绝缘破坏，达不到设计增加爬电距离的要求，在碰到恶劣运行环境时可能造成事故。

3.7　兴庆 110kV 变电站 10kV 开关柜避雷器引线表面放电缺陷

▶▶设备类别：【开关柜内避雷器】

▶▶单位名称：【国网银川供电公司、国网宁夏电力公司电力科学研究院】

▶▶技术类别：【超声波检测、暂态地电压检测、特高频检测】

3.7.1　案例经过

2016 年 6 月 15 日，国网银川供电公司实验班对兴庆 110kV 变电站 10kV 开关柜进行超声波（AE）、暂态地电压（TEV）、特高频（UHF）局部放电联合带电测试，发现10kV"舍弗勒一回线522、移动专线525、2号接地变压器562、兴同二回线524"开关柜超声波存在放电信号，幅值最大为20dB，暂态地电压信号23dB，特高频在兴同二回线524开关柜检测到异常。

通过超声波定位分析，最终判断信号来自于开关柜电缆仓三相避雷器线交叉紧贴处，放电类型为绝缘表面放电，放电痕迹明显，停电检查验证了判断结论的正确性。

开关柜为中国温州市开元电气有限公司生产，型号为KYN28‒12，出厂日期为2003年3月。

3.7.2 检测分析

2016年6月15日，使用PDS‒T90型局部放电测试仪，采用超声波、暂态地电压、特高频巡检仪对该10kV高压室开关柜进行局部放电带电巡检普测。

1. 超声波检测

对"舍弗勒一回线522、移动专线525、2号接地变压器562、兴同二回线524"开关柜进行超声波普测，超声波异常，具体数据如图3‒44所示。

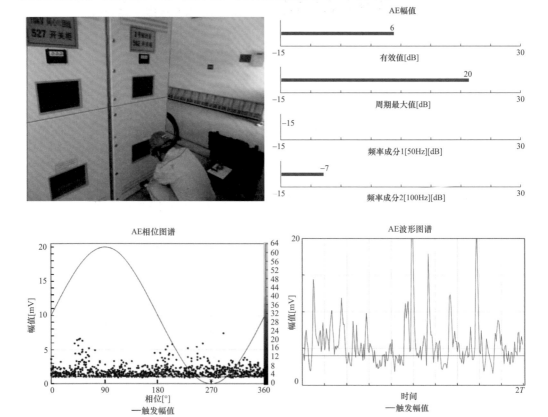

图3‒44　超声波幅值、相位、波形图谱

2. 暂态地电压检测

暂态地电压为背景值为 20dB，该开关柜为 23dB，暂态地电压测试幅值正常。

3. 特高频检测

使用 PDS-T90 对"舍弗勒一回线 522、移动专线 525、2 号接地变压器 562、兴同二回线 524"开关柜进行特高频测试，特高频信号在兴同二回线 524 开关柜测到异常，如图 3-45 所示。

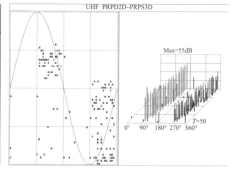

图 3-45　特高频 PRPD/PRPS 图谱

4. 超声波幅值法定位

使用 PDS-T90，采用超声波幅值法，对"舍弗勒一回线 522、移动专线 525、2 号接地变压器 562、兴同二回线 524"开关柜进行精确定位，定位如图 3-46～图 3-49 所示。

图 3-46　舍弗勒一回线 522 开关柜超声定位

图 3-47　移动专线 525 超声定位

图 3-48　2 号接地变压器 562 超声定位

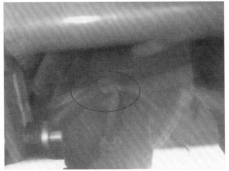

图 3-49　兴同二回线 524 超声定位

5. 定位结论

"舍弗勒一回线 522、移动专线 525、2 号接地变压器 562、兴同二回线 524" 开关柜存在绝缘沿面放电，定位在开关柜电缆仓避雷器三相引线处。

3.7.3　解体验证

2016 年 6 月 19 日，对兴庆 110kV 变电站舍弗勒一回线 522、移动专线 525、2 号接地变压器 562、兴同二回线 524 开关柜停电处理，现场发现避雷器线放电痕迹明显，其中兴同二回线 524 开关柜避雷器线已经出现裂纹，放电严重，具体图片如图 3-50 所示。

2016 年 6 月 19 日，对兴庆 110kV 变电站舍弗勒一回线 522、移动专线 525、2 号接地变压器 562、兴同二回线 524 开关柜停电处理后复测，超声波信号消失，特高频信号未检测到明显异常信号，数据如图 3-51、图 3-52 所示。

3.7.4　经验体会

（1）手持式巡检 PDS-T90 超声波幅值定位是开关柜测试很有效的一种检测定位手段。

图 3-50 放电源解体图片

图 3-51 解体后复测照片及图谱（一）

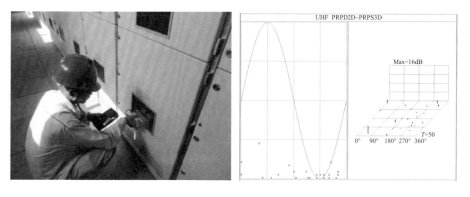

图 3-52 解体后复测照片及图谱（二）

（2）该类型放电缺陷非常危险，很容易引起三相短路或单相接地事故，通过带电检测能有效发现问题，消除故障停电隐患。

（3）开关柜内三相线交叉紧贴一起容易引起电场分布不均，形成相间电容，在充放电过程中产生局部放电，形成绝缘表面放电，对绝缘材料造成不可逆的损伤，最终失去绝缘。

3.8 李寨 110kV 变电站 35kV 开关柜穿屏套管等电位局部放电缺陷

▶▶设备类别：【开关柜穿屏套管】
▶▶单位名称：【国网固原供电公司】
▶▶技术类别：【超声波检测、暂态地电压检测、特高频检测】

3.8.1 案例经过

2015 年 11 月 30 日，国网固原供电公司实验班对李寨 110kV 变电站 35kV 开关柜进行超声波（AE）、暂态地电压（TEV）、特高频（UHF）局部放电联合带电测试，发现"35kV Ⅱ母电压互感器"开关柜特高频放电信号幅值为 57dB，暂态地电压信号为 36dB。

通过定位分析，最终判断信号来自于开关柜内三相穿屏套管等电位线位置，为三相多点放电，放电痕迹明显。

开关柜为西电陕西陕开电气集团有限公司生产，型号为 HDKX/35‑630，出厂日期为 2011 年 5 月。

3.8.2 检测分析

2015 年 11 月 30 日，使用 PDS‑T90 型局部放电测试仪，采用超声波、暂态地电压、特高频巡检仪对该 35kV 高压室开关柜进行局部放电带电巡检普测。

（1）超声波检测。"35kV Ⅱ母电压互感器"开关柜超声波幅值信号正常，频率成分 2 和频率成分 1 未见异常，初步判断超声检测正常，如图 3‑53 所示。

（2）暂态地电压检测。通过暂态地电压检测，发现大部分开关柜上暂态地电压幅值达到 36dB，判断存在局部放电现象。

（3）特高频检测。使用 PDS‑T90 对 35kV Ⅱ母电压互感器开关柜进行特高频测试，发现异常特高频信号，如图 3‑54、图 3‑55 所示。该处特高频达到最大值，信号幅值为 57dB，特高频信号工频相关性强，每周期多簇信号，每簇信号大小参差不同，初步判断为多点绝缘放电。需要进行精确定位，确定信号精确位置。

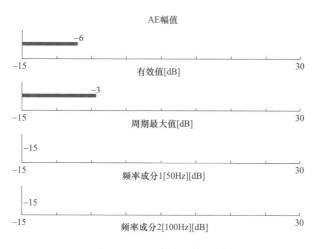

图 3-53　超声波幅值图谱

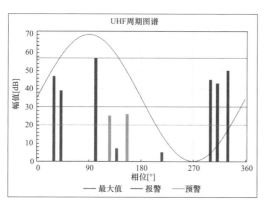

图 3-54　特高频周期图谱

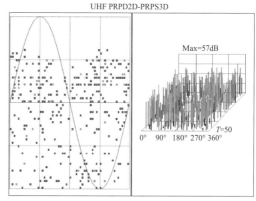

图 3-55　特高频 PRPD/PRPS 图谱

1）特高频法定位。使用 PDS-G1500，采用特高频法，对 35kV Ⅱ 母电压互感器开关柜进行精确定位。如图 3-56、图 3-58 所示位置放置传感器，定位波形分别如图 3-57、图 3-59 所示。

图 3-56　柜前横向定位图

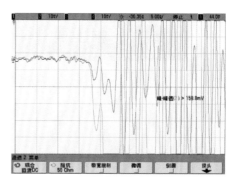

图 3-57　柜前横向定位波形

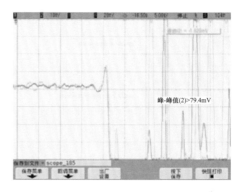

图 3-58 柜前纵向定位图   图 3-59 柜前纵向定位波形

2）定位结论。35kV Ⅱ母电压互感器开关柜存在多点绝缘放电，信号源位于开关柜下部柜体中部三相穿屏套管位置，如图 3-60 所示。

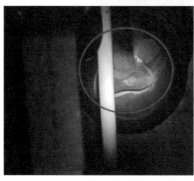

图 3-60 三相母排穿屏套管处等电位线放电

3.8.3 经验体会

（1）特高频法能够精确确定放电发生的仓位及精确位置，经过特高频检测以及定位分析，可以准确判断缺陷类型、缺陷位置，为停电检修提出重要依据。开关柜内等电位线是局部放电发生的重灾区，测试时多重点关注该处位置。

（2）当用一种局部放电检测方法检测到疑似放电信号时，宜采用多种手段进行相互验证。

3.9　贺兰山750kV变电站35kV开关柜穿柜套管局部放电缺陷

▶▶设备类别：【开关柜穿柜套管】

▶▶单位名称：【国网宁夏电力公司检修公司】

▶▶技术类别：【超声波检测、暂态地电压检测、特高频检测】

3.9.1　案例经过

2016年6月20日，国网宁夏电力公司检修公司电气检测专业对贺兰山750kV变电站35kV开关柜开展专项带电检测工作，发现303开关柜内超声波、特高频信号异常。6月24日，对该开关柜进行停电解体检查，通过施加运行电压进行紫外测试的方法，发现静触头对套管内壁存在放电现象，检查确认套管壁存在积灰现象，经过清理脏污后，再次加压检查放电消失。

3.9.2　检测分析

1. 超声波、特高频、暂态地电压初测值分析

2016年6月20日，国网宁夏电力公司检修公司对贺兰山750kV变电站35kV开关柜进行局部放电测试，测试过程中发现开关柜内部特高频及超声波信号异常，分别选择前上、前中、前下、后上、后中、后下、侧上、侧中、侧下九个点记录测量值，具体测试结果见表3-1。

表3-1　　　　　　　　　　35kV高压室开关柜测试数据表

开关柜局部放电测试数据表									
暂态地电压背景测试（dB）：金属为12，空气为3							时间：2016/6/20		
仪器名称：PDS-T90					仪器编号：3A000016882E9601				
序号	开关柜名称及位置		暂态地电压测试（dBmV）			超声测试（dBmV）			特高频（dB）	
			前面板	后面板	侧面板	前面板	后面板	侧面板		
1	303断路器	上	12	12	11	16	16	6	52	
		中	9	9	8	4	5	0		
		下	12	10	9	−1	0	−1		
2	进线电压互感器	上	11	9	9	10	5	8	0	
		中	12	9	8	6	8	5		
		下	8	8	10	−1	−6	−4		

通过表 3-1 的测试数据可以得出以下结论：

（1）303 开关柜上部前、后面板超声波值比其中部、下部的测试值都大，与进线电压互感器比，其超声波幅值也较大，表明超声波信号异常。

（2）小室内两组开关柜暂态地电压数据在 8～12dB 范围内波动，且均未超过 20dB，暂态地电压测试值正常。

（3）303 开关柜特高频幅值较大，为 52dB，而进线电压互感器特高频幅值为 0dB。表明特高频信号异常。

2. 超声测试结果分析

采用超声波模式对贺兰山 750kV 变电站 35kV 高压室内的开关柜进行超声波信号的相关性进行测试，现场超声波检测图片及图谱如图 3-61 所示。

由图 3-61 可知：超声波信号幅值存在异常，有效值和峰值均较大且稳定，100Hz 相关性明显，50Hz 相关性较弱，即频率成分 2（100Hz）大于频率成分 1（50Hz），符合悬浮放电特征。

从图 3-62 可以看出，设备内一个周期出现两簇较集中的信号，且信号集中在一、三象限，符合悬浮放电的特征。

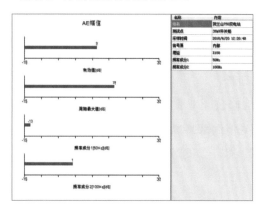

图 3-61　超声波检测幅值图谱

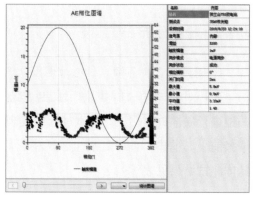

图 3-62　超声波检测相位图谱

从图 3-63 看出，飞行时间以及飞行间隔非常短，放电非常具有规律性，幅值为 1mV 左右，判断设备内部信号非自由颗粒及机械振动产生。

3. 特高频测试结果分析

对 303 开关柜进行特高频 PRPD2D-PRPS3D 图谱测试，测试数据如图 3-64 所示。

从图 3-64 可见，一个工频周期内出现两簇明显脉冲信号，工频相关性强，判断放电类型为悬浮电位放电。

3.9.3　处理及分析

2016 年 6 月 24 日，国网宁夏电力公司检修公司变电检修中心申请对 303 开关柜进行停电处理。

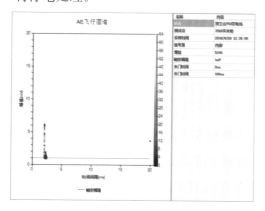
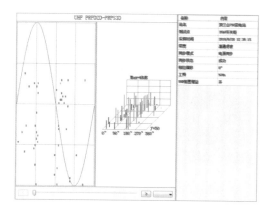

图 3-63　超声波检测飞行图谱　　　　图 3-64　特高频 PRPD-PRPS 图谱

为了在停电后能准确找到设备放电位置，采取对 303 开关柜加运行电压用紫测试的方法查找放电位置（所加电压为开关柜正常工作电压）。

在运行电压下，对穿柜套管、母线连接排、避雷器等部位进行紫外测试，均未发现放电现象，然后手动将开关柜内静触头处绝缘挡板摇开，用紫外检测发现 A 相下部静触头与套管内壁之间存在放电，B、C 相在紫外的高增益情况下也存在略微的放电。具体情况如图 3-65 所示。

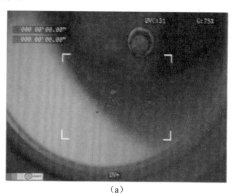

（a）

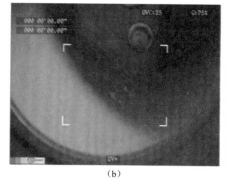
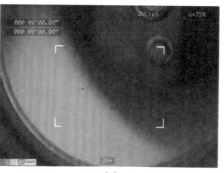

（b）　　　　　　　　　　　（c）

图 3-65　303 开关柜 A、B、C 三相下部套管放电情况
（a）303 开关柜 A 相下部套管放电情况；（b）303 开关柜 B 相下部套管放电情况；
（c）303 开关柜 C 相下部套管放电情况

图 3-66 303 套管脏污积灰情况

通过检查发现，套管的上、下静触头都存在不同程度的脏污现象（见图 3-66），放电就是静触头套管积存的悬浮颗粒对静触头导电芯进行放电。

为了彻底解决问题，检修人员采用棉纱蘸酒精，对套管内部、断路器小车触头、避雷器、母线连接排等进行了清理，清理后，再次用紫外成像检查放电情况，放电情况消失。清理后的小车、避雷器触头等部位如图 3-67 所示。

图 3-67 清理后的小车、避雷器触头等部位

3.9.4 经验体会

老式开关柜密封不严，造成开关柜内触头、绝缘子积灰严重，造成导电芯对套管放电。当用一种局部放电检测方法检测到疑似放电信号时，宜采用多种手段进行相互验证。

3.10 宁安 330kV 变电站 35kV 开关柜局部放电缺陷

▶▶设备类别：【开关柜穿柜套管】

▶▶单位名称：【国网宁夏电力公司检修公司】

▶▶技术类别：【超声波检测、暂态地电压检测、特高频检测】

3.10.1 案例经过

2016 年 6 月 24 日，国网宁夏电力公司检修公司电气检测专业对宁安 330kV 变电站 35kV 开关柜开展专项带电检测工作，检测过程中发现宁安 330kV 变电站Ⅰ段高压室 301、313、314 开关柜特高频及超声波测试异常（见图 3 - 68～图 3 - 70）。6 月 28日，对 301、313、314 开关柜进行停电解体检查，采用施加运行电压进行紫外测试的方法，发现引起静触头对套管内壁放电，经检查，静触头拐角处有毛刺、套管内壁存在积灰现象，经过处理后，放电消失。

3.10.2 检测分析

2016 年 6 月 24 日，国网宁夏电力公司检修公司电气检测专业对宁安 330kV 变电站 35kV 开关柜开展专项带电检测工作，在检测过程中，检测人员发现 35kV Ⅰ段高压室 301、313、314 开关柜特高频、超声波数据异常（见图 3 - 68～图 3 - 70）。

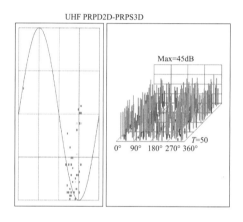

图 3 - 68　301 开关柜特高频图谱

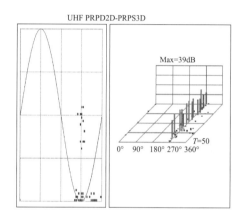

图 3 - 69　313 开关柜特高频图谱

根据特高频图谱显示，放电信号的极性效应非常明显，出现在工频相位的正半周或负半周，放电信号强度较弱且相位分布较宽，放电次数较多，与电晕放电的特征图谱相似，故可能存在电晕放电。301 柜中部超声最高可达 29dB，314 柜中部超声最高可达 18dB，柜内可能存在有自由颗粒放电现象。

随后，测试人员又使用示波器对开关柜放电位置进行了定位，定位分析特高频放电源位于 301、313、314 柜中部静触头部位。

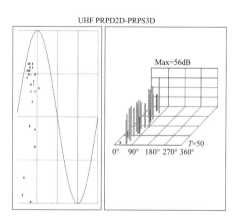

图 3 - 70　314 开关柜特高频图谱

3.10.3 处理及分析

2016 年 6 月 28 日，35kV Ⅰ段开关柜停电后，国网宁夏电力公司检修公司检测人员对开关柜进行试验检查。检测人员使用仪器对开关柜进行升压，模拟开关柜运行状态，然后使用紫外测试仪进行测试，发现 301 开关柜内三相静触头处均有明显放电现象（分别见图 3 - 71～图 3 - 73）。

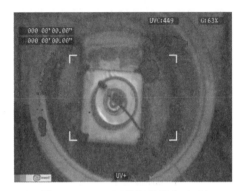

图 3 - 71　301 开关柜静触头 A 相

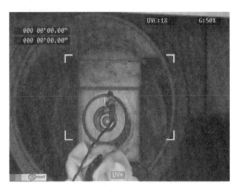

图 3 - 72　301 开关柜静触头 B 相

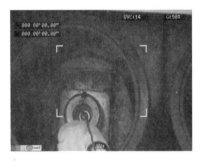

图 3 - 73　301 开关柜静触头 C 相

根据紫外测试发现，放电点均位于静触头的四个拐角处，随后检测人员检查发现静触头的拐角处均存在程度不同的毛刺，且有些地方的导电膏涂抹过多，导致绝缘距离不够，绝缘性能下降，产生尖端放电现象。随后，使用砂纸对静触头的拐角进行打磨，用无水乙醇进行擦拭，并用小吸尘器将静触头内的灰尘清理干净。然后再次进行加压，使用紫外测试仪测试，发现已经没有放电现象（见图 3 - 74），处理效果明显。

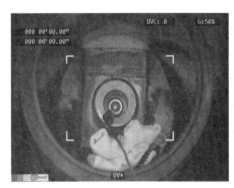

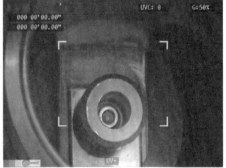

图 3 - 74　处理后紫外测试

3.10.4　经验体会

开关柜运行时间已经超过了十年，设备已经出现老化趋势，触头出现不同程度氧化现象，增加了运行风险。还有一些老式开关柜密封不严，造成开关柜内触头、绝缘子积灰严重，造成导电芯对套管放电。

3.11   汉渠 35kV 变电站 10kV 开关柜穿墙套管局部放电缺陷

▶▶设备类别：【开关柜穿墙套管】
▶▶单位名称：【国网吴忠供电公司】
▶▶技术类别：【超声波检测、暂态地电压检测、特高频检测】

3.11.1   案例经过

2016 年 6 月 22 日，国网吴忠供电公司对汉渠 35kV 变电站 10kV 开关柜进行暂态地电压和超声波局部放电检测时发现，511 园艺线开关柜的暂态地电压测试数据整体偏大，下部暂态地电压检测值最大为 48dB，与背景值之差为 23dB，大于规程注意值 20dB；超声波局部放电检测显示无异常，值为 -6dB，检测时负荷为 148A，判断内部可能存在局部放电现象。7 月 19 日，试验人员对汉渠 35kV 变电站 511 园艺线进行特高频测试和超声波、暂态地电压复测，其中超声波、暂态地电压测试结果与上次测试无明显变化，特高频信号异常，幅值为 1.97V，经初步定位于 511 柜内 -1 隔离开关 B 相附近区域、511 开关柜上部出线部分（由于开关柜是开放式的，上部带电部分裸露，无法准确定位）。经综合分析，确定 511 开关柜存在局部放电，疑似悬浮放电类型。8 月 1 日，国网吴忠供电公司对汉渠 35kV 变电站 511 园艺线间隔停电检查。对 511 断路器、电流互感器、-1 隔离开关、-3 隔离开关进行绝缘和耐压检查试验，试验合格。在检查 511 出线 A 相穿墙套管时，发现 A 相穿墙套管破损，B、C 相正常。随后对 A 相穿墙套管进行更换，A、B、C 三相穿墙套管绝缘和耐压试验均合格，最后 511 间隔投运正常。

3.11.2   检测分析

2016 年 6 月 22 日，对汉渠 35kV 变电站 10kV 开关柜进行了暂态地电压和超声波局部放电检测，511 园艺线检测值与背景值之差为 23dB，大于注意值 20dB，应加强跟踪检测。

7 月 19 日，试验人员对汉渠 35kV 变电站 511 园艺线进行特高频测试和超声波、暂态地电压复测，结果如下。

1. 超声测试数据分析

使用 PDS-T90 的超声波模式对 10kV 园艺线 511 断路器开关柜进行超声波信号普测，具体的数据及图谱如图 3-75 所示。

如图 3-75 所示，超声测试幅值最大为 -10dB，频率成分 1 及频率成分 2 未见异

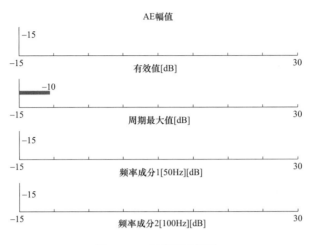

图 3-75 超声测试图谱

常，由此判断 10kV 园艺线 511 断路器开关柜超声波测试未发现异常局部放电信号。

2. 特高频测试结果分析

使用 PDS-T90 的特高频模式对 10kV 园艺线 511 断路器开关柜进行特高频信号普测，发现存在异常特高频信号，具体数据及图谱如图 3-76 所示。

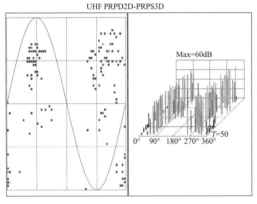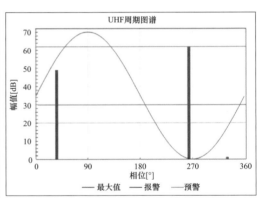

图 3-76 特高频 PRPD/PRPS 图谱及特高频周期图谱

如图 3-76 所示，10kV 园艺线 511 断路器开关柜存在异常特高频信号，周期最大幅值为 65dB，一个工频周期出现两簇明显脉冲信号工频相关性强，初步判定为悬浮放电，具体需要使用 G1500 进行定性定位分析。

3. 局部放电信号定位分析

（1）局部放电信号类型的分析。如图 3-77 所示，示波器 10ms 波形图一个工频周期（20ms）内出现两簇放电脉冲信号，工频相关性强，信号具有悬浮放电特征，最大幅值为 1.97V 左右，建议尽快进行检修处理，及早消除安全隐患。

（2）局部放电信号定位分析。

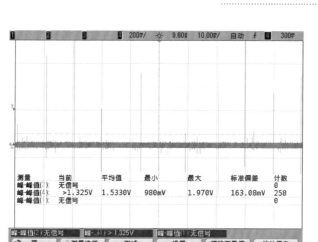

图 3-77　示波器 10ms 波形图

1）横向定位。两传感器位置如图 3-78 所示，由定位波形可知，黄色传感器波形与红色传感器波形基本重合，说明放电源到两个传感器的距离相等，即放电源位于两个传感器中间的垂直面上，如图 3-78 中蓝色竖线所示平面。

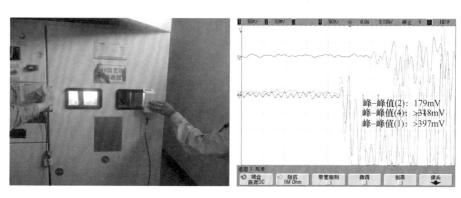

图 3-78　横向定位传感器位置及检测定位数据图

2）高度定位。两传感器位置如图 3-79 所示，黄、红色为特高频传感器。由定位

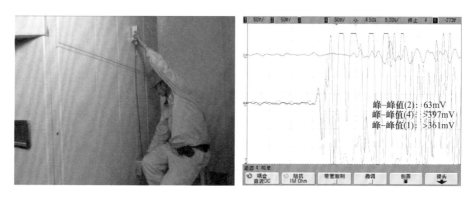

图 3-79　高度定位传感器位置及定位波形图

波形图可知，黄色和红色信号重合，说明该信号源在两传感器中间的垂直面上，即蓝色横线所在平面。

3）深度定位。两传感器位置如图 3-80 所示，黄、绿色为特高频传感器。由定位波形图可知，黄色波形起始沿与绿色起始沿重合，说明该信号源在两传感器中间的垂直面上。

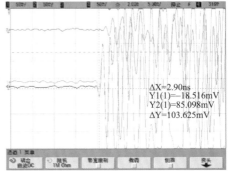

图 3-80　深度定位传感器位置及定位波形图

结合以上定位步骤，10kV 园艺线 511 断路器开关柜放电信号定位于如图 3-81 所示的红色圆圈区域内部 B 相上。

图 3-81　局部放电源现场位置

3.11.3　处理及分析

图 3-82　511 出线 A 相穿墙套管破损情况

8 月 1 日，国网吴忠供电公司对汉渠 35kV 变电站 511 园艺线间隔停电检查。对 511 断路器、电流互感器、-1 隔离开关、-3 隔离开关进行绝缘和耐压检查试验，试验合格。在检查 511 出线 A 相穿墙套管时，发现 A 相穿墙套管破损，B、C 相正常。随后对 A 相穿墙套管进行更换，A、B、C 三相穿墙套管绝缘和耐压试验均合格，最后 511 间隔投运正常。现场套管破损情况如图 3-82 所示。

3.11.4 经验体会

（1）带电检测可有效发现电气设备内部的潜伏性故障或缺陷，暂态地电波、超声波局部放电、特高频局部放电带电检测对不同放电类型敏感度不同，测试时应综合各种测试手段综合判断。

（2）对于暂态地电波、超声波局部放电、特高频局部放电等测试手段其中两项测试存在异常时，应尽快停电检修处理。

3.12 贺兰山35kV变电站互感器柜熔断器局部放电缺陷

▶▶设备类别：【开关柜内互感器】
▶▶单位名称：【国网宁夏电力公司电力科学研究院】
▶▶技术类别：【超声波检测、暂态地电压检测、特高频检测】

3.12.1 案例经过

2015年4月14日，国网宁夏电力公司电力科学研究院在对国网宁夏电力公司检修公司贺兰山750kV变电站35kV开关柜进行局部放电带电检测时，发现35kV进线电压互感器柜特高频局部放电信号及暂态地电压测试异常。采用时差定位法对开关柜进行局部放电定位，确定35kV进线电压互感器柜内存在异常局部放电信号源位于柜内B相熔断器所在范围，局部放电类型为悬浮电位放电。4月17日，对35kV进线电压互感器柜进行解体验证，解体发现三相电压互感器中A、B相熔断器阻值异常，A、B相电压互感器内部有电腐蚀的痕迹，并且内部熔断器腔内有放电粉末，内部熔丝已烧断，解体结果与定位的位置相符合。为确保更换三相熔断器后电压互感器状态正常，对更换熔断器后三相电压互感器进行脉冲电流法局部放电试验，试验结果合格，满足投运条件。贺兰山750kV变电站35kV进线电压互感器柜投入运行后，局部放电带电检测正常。

3.12.2 检测分析

1. 暂态地电压局部放电检测

使用暂态地电压局部放电检测仪对贺兰山750kV变电站35kV高压室内开关柜进行TEV信号普测，开关柜的测试结果见表3-2。

测试结论：选择前中、前下、后上、后下四个点记录TEV测量值，对测试数据进行对比，TEV数据在47～57dB范围内波动，按照带电检测的要求，地电波值大于20dB为异常，TEV检测异常。超声波局部放电检测正常。

表 3 - 2   35kV 高压室开关柜测试数据表

变电站名：贺兰山 750kV 变电站			天气：晴朗			温/湿度：16℃/25％	
背景测试（dB）：TEV 金属为 13；空气为 0				时间：2015/4/14			
仪器名称：PDS - T90				仪器编号：80000016B7D4E301			
序号	开关柜名称	地电波测试（dB）				超声测试（mV）		超高频（dB）
		前中	前下	后上	后下	测试情况	异常点	
1	进线电压互感器	47	48	57	48	0	无	56（异常）

2. 特高频局部放电检测

对贺兰山 750kV 变电站 35kV 高压室内开关柜进行特高频信号普测，在进线电压互感器柜内部检测到明显局部放电特高频信号，图谱如图 3 - 83、图 3 - 84 所示。

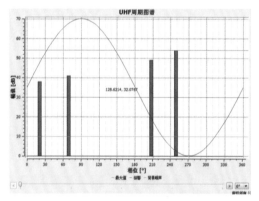

图 3 - 83　特高频周期图谱

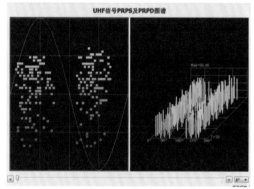

图 3 - 84　特高频 PRPD/PRPS 图谱

测试结论：在 35kV 进线电压互感器柜内检测到特高频周期图谱如图 3 - 83 所示，信号呈现单根距离均等的脉冲信号，PRPD/PRPS 图谱如图 3 - 84 所示，一个工频周期出现两簇局部放电信号，信号呈现出工频相位内的对称，具有明显的放电特征。

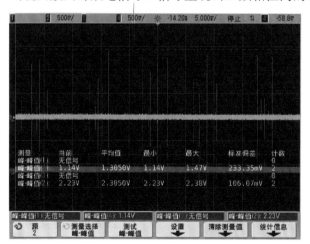

图 3 - 85　局部放电类型判断波形

3. 局部放电定位分析

（1）局部放电信号类型分析。应用 PDS - G1500 局部放电检测与定位系统对 35kV 进线电压互感器柜内部的局部放电信号的类型进行分析，信号呈现悬浮性放电特征。局部放电类型判断波形如图 3 - 85 所示。

（2）局部放电信号定位分析。利用特高频时差定位分析。

1）局部放电信号来源定位分

析：确定信号来自开关柜内部。信号来源定位传感器位置图如图 3-86 所示，信号定位波形如图 3-87 所示。

图 3-86 信号来源定位传感器位置图

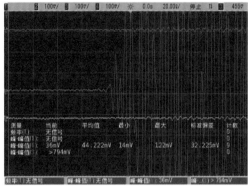

图 3-87 信号定位波形

2）局部放电信号水平定位分析：两传感器起始沿基本一致，说明信号源位于如图 3-88 所示黄色线所在的平面上。水平定位波形如图 3-89 所示。

图 3-88 水平定位传感器位置图

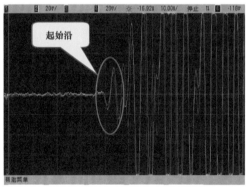

图 3-89 水平定位波形

3）局部放电信号纵向定位分析：信号位于如图 3-90 所示黄色线所在平面。纵向定位波形如图 3-91 所示。

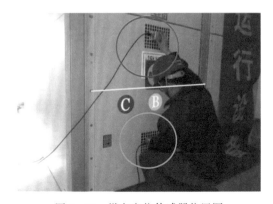

图 3-90 纵向定位传感器位置图

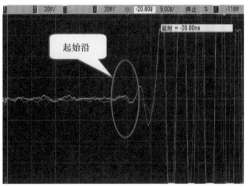

图 3-91 纵向定位波形

4）局部放电信号深度定位分析：柜子长度约为 2.8m，综合时差计算判断信号源位于如图 3-92 所示红圈与图 3-93 所示黄圈交叉的位置范围内。

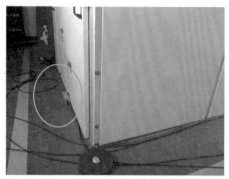

图 3-92　深度定位传感器位置图

图 3-93　最终定位位置

局部放电带电检测及定位分析确定 35kV 进线电压互感器柜内存在异常特高频信号，信号源位于柜内 B 相熔断器所在范围。测试确定该局部放电类型为悬浮电位放电，放电原因可能由熔断器内部的金属熔丝接触不良所致，放电幅值最大为 2.38V。

3.12.3　处理及分析

（1）4 月 17 日，对贺兰山 750kV 变电站 35kV 开关室内 35kV 进线电压互感器柜进行解体验证，解体发现三相电压互感器中 A、B 相熔断器阻值异常，解开后发现 A、B 相电压互感器内部有电腐蚀的痕迹，并且 A、B 相互感器内部熔断器腔内有放电粉末等类似松动的情况，内部熔丝已烧断，解体结果与定位的位置相符合，解开后如图 3-94 所示。

（2）为确保更换三相熔断器后电压互感器状态正常，4 月 20 日，在国网宁夏电力公司电力科学研究院高压试验大厅对贺兰山 750kV 变电站 35kV 电压互感器柜内 A、B、C 三相电压互感器进行局部放电测量试验，试验结果见表 3-3。

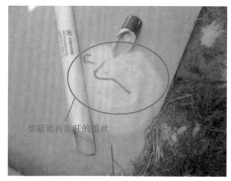

图 3 - 94 电压互感器解体实物图

表 3 - 3　　　　　　　　　　局 部 放 电 测 量 结 果

型号	JDZX9 - 35R		额定绝缘水平	40.5/95/200kV
生产厂家	大连第一互感器有限责任公司		出厂日期	2008.6
施加电压	出厂编号			
	080621888	080621889		080621887
$1.2U_{m}/\sqrt{3}$	35pC	25pC		27pC

国网宁夏电力公司检修公司贺兰山 750kV 变电站 35kV 被试电压互感器为环氧浇注固体绝缘型,按 Q/GDW 1168—2013《输变电设备状态检修试验规程》规定,电压互感器在 $1.2U_{m}/\sqrt{3}$ 电压条件下局部放电水平应不大于 50pC,局部放电测量结果显示三相电压互感器局部放电水平符合技术要求。

（3）对投运后贺兰山 750kV 变电站 35kV 电压互感器柜进行局部放电带电检测,检测结果合格。

3.12.4　经验体会

（1）开关柜局部放电带电检测方法主要有暂态地电压法、超声波法及特高频法,

缺陷类型及部位不同，对应的局部放电测试手段的灵敏度也不同，应结合多种测试方法进行综合分析判断。

（2）特高频局部放电时差法定位，利用开关柜非金属屏蔽部位泄漏出的电磁波信号进行检测，在开关柜各个平面方位进行时差分析，最终确定放电源部位，为缺陷分析及设备解体检查提供帮助。

4

其他设备状态检测典型案例

4.1 靖安 220kV 变电站避雷器防爆片悬浮放电缺陷

▶▶设备类别：【避雷器】

▶▶单位名称：【国网石嘴山供电公司】

▶▶技术类别：【超声波检测、特高频检测】

4.1.1 案例经过

2016 年 3 月 29 日，国网石嘴山供电公司检修分公司实验班对 220kV 靖安站 110kV GIS 进行超声波（AE）、特高频（UHF）局部放电联合带电测试，普测时发现 "110kV 进出线避雷器" 上方存在悬浮放电信号，超声幅值为 24dB，特高频放电信号幅值为 60dB。该信号对 110kV GIS 局部放电测试存在很大的特高频测试干扰，通过超声定位分析，最终判断信号来自于避雷器上方，由防爆片螺栓松动及变形导致的。

4.1.2 检测分析

2016 年 3 月 29 日，使用 PDS-T90 型局部放电测试仪，采用超声波、特高频巡检仪对 110kV GIS 进行局部放电带电巡检普测。

1. 超声波检测

发现 "110kV 进出线避雷器" 超声波信号异常，信号幅值达到 24dB。超声波测试图谱如图 4-1、图 4-2 所示。

2. 特高频检测

使用 PDS-T90 对 110kV 进出线避雷器进行特高频测试，发现异常特高频信号。信号幅值 60dB，信号幅值大，特高频信号工频相关性强，每周期两簇，综合判断为悬浮放电。特高频 PRPD/PRPS 图谱如图 4-3 所示。

3. 现场追踪信号来源

2016 年 3 月 29 日，在对 "110kV 进出线避雷器" 进行测试时发现异常，通过超

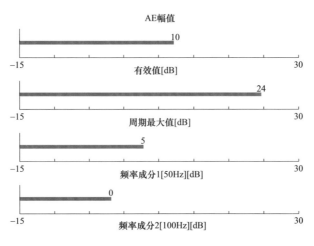

图 4-1 超声波测试图谱（一）

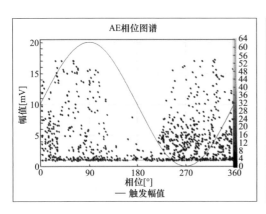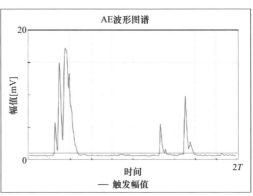

图 4-2 超声波测试图谱（二）

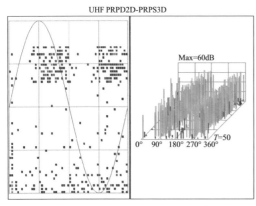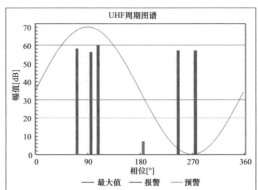

图 4-3 特高频 PRPD/PRPS 图谱

声波幅值法定位在避雷器上端部，现场可见避雷器防爆膜位置的防爆片发生形变，螺栓松动，产生浮电位，具体图片如图 4-4 所示。

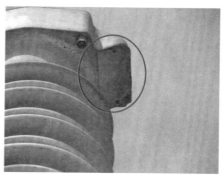

图 4-4 放电源位置图片

4.1.3 经验体会

（1）超声检测法能够精确定位，此次测试环境存在异常局部放电干扰，需要对环境的局部放电进行精确定位，查找放电部位，评估危险性。

（2）当用一种局部放电检测方法检测到疑似放电信号时，宜采用多种手段进行相互验证。

（3）防爆片发生形变，使水容易渗入，导致避雷器受潮，严重影响避雷器的正常运行。

4.2 镇朔220kV变电站避雷器防爆片及避雷器连接扁铁螺栓悬浮放电缺陷

▶▶设备类别：【避雷器】

▶▶单位名称：【国网石嘴山供电公司】

▶▶技术类别：【超声波检测、特高频检测】

4.2.1 案例经过

2016年4月12日，国网石嘴山供电公司实验班对镇朔220kV变电站110kV GIS进行超声波（AE）、特高频（UHF）局部放电联合带电测试，发现多数110kV进出线避雷器防爆片松动及110kV朔丽Ⅱ回线45114避雷器接电扁铁所有螺栓未紧固导致悬浮电位放电，超声放电信号幅值为20dB，特高频放电信号幅值为64dB。

该信号对110kV GIS局部放电测试存在很大的特高频放电干扰信号，通过超声波幅值定位分析，最终判断信号来自于110kV朔丽Ⅱ回线45114避雷器间隔避雷器上方防爆片位置，该间隔避雷器接地扁铁所有螺栓松动，放电严重，当天进行了检修处理。

4.2.2 检测分析

2016年4月12日，使用PDS-T90型局部放电测试仪，采用超声波、特高频巡检仪对110kV GIS进行局部放电带电巡检普测。

1. 超声波检测

现场检测环境中，超声波测试朝向110kV进出线避雷器间隔时超声波信号异常，信号幅值最大为20dB。超声波幅值图谱如图4-5、图4-6所示。

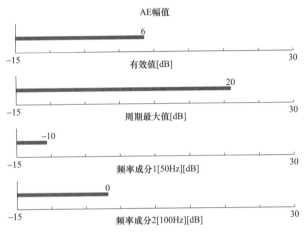

图4-5 超声波幅值图谱（一）

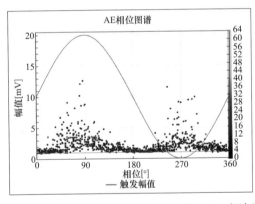 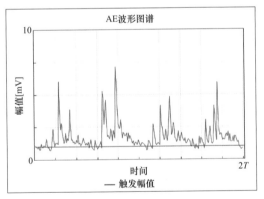

图4-6 超声波幅值图谱（二）

2. 特高频检测

使用PDS-T90对110kV进出线避雷器间隔进行特高频测试，发现异常特高频信号，信号幅值大，为64dB，特高频信号工频相关性强，每周期两簇，综合判断为悬浮电位及金属性悬浮放电。特高频PRPD/PRPS图谱如图4-7所示。

3. 现场追踪信号来源

2016年4月12日，现场超声波幅值法定位后，对110kV进出线避雷器进行局部放电源查找，在避雷器上部防爆片位置及下部接地扁铁螺栓全部未紧固，产生浮电位。

现场局部放电位置图片如图 4-8 所示。

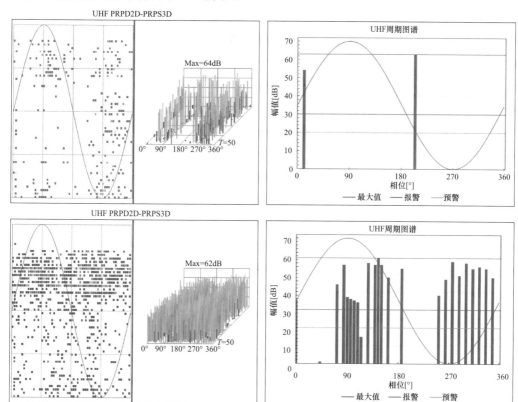

图 4-7 特高频 PRPD/PRPS 图谱

图 4-8 现场局部放电位置图片 (一)

图 4-8　现场局部放电位置图片（二）

4.2.3　经验体会

（1）超声波幅值检测法能够精确进行定位，此次测试环境存在异常局部放电信号干扰，需要对环境的干扰进行定位，准确放电位置，评估放电程度。

（2）当用一种局部放电检测方法检测到疑似放电信号时，宜采用多种手段进行相互验证，更好地分析放电类型，判断放电严重程度。

（3）本次测试的避雷器接地扁铁所有螺栓松动，对线路保护构成严重威胁。防爆片发生形变，使水容易渗入，导致避雷器受潮，严重时影响避雷器的正常运行。

4.3　渝河 110kV 变电站主变压器 10kV 母排固定螺栓松脱局部放电缺陷

▶▶设备类别：【母排】

▶▶单位名称：【国网固原供电公司】

▶▶技术类别：【超声波检测、特高频检测】

4.3.1　案例经过

2015 年 12 月 1 日，国网固原供电公司实验班对渝河 110kV 变电站 10kV 开关柜进行超声波（AE）、暂态地电压（TEV）、特高频（UHF）局部放电联合带电测试，发现 10kV 开关室外主变压器 10kV 母排处存在特高频放电信号，幅值为 54dB。

通过定位分析，最终判断信号来自于 1 号主变压器 10kV 母排固定螺栓松脱导致的悬浮电位放电。

4.3.2　检测分析

2015 年 12 月 1 日，使用 PDS-T90 型局部放电测试仪，采用超声波、暂态地电压、特高频巡检仪对该 10kV 高压室开关柜进行局部放电带电巡检普测，在 10kV 开关室测到异常特高频信号，定位来自室外，然后进行追踪信号来源。

（1）超声波检测。主变压器 10kV 母排处超声波幅值信号正常，频率成分 2 和频率成分 1 未见异常，初步判断超声检测正常。超声波幅值图谱如图 4-9 所示。

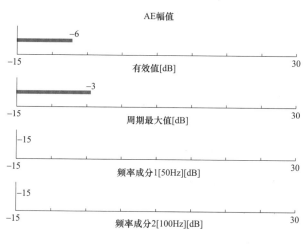

图 4-9　超声波幅值图谱

（2）特高频检测。使用 PDS-T90 对主变压器附近进行特高频测试，发现异常特高频信号。该处特高频达到最大值，信号幅值 54dB，特高频信号工频相关性强，每周期两簇，每簇信号大小基本一致，初步判断为悬浮电位放电。需要进行精确定位，确定信号精确位置。特高频周期图谱如图 4-10 所示，特高频 PRPD/PRPS 图谱如图 4-11 所示。

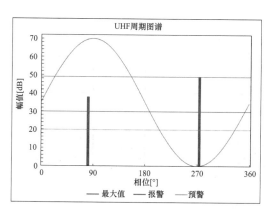

图 4-10　特高频周期图谱

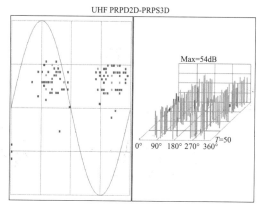

图 4-11　特高频 PRPD/PRPS 图谱

1）特高频法定位。使用 PDS-G1500，采用特高频法，对主变压器放电源进行精确定位，如图 4-12、图 4-14 所示，定位波形如图 4-13、图 4-15 所示。

图 4-12　纵向定位图　　　　　　　　　　图 4-13　纵向定位波形

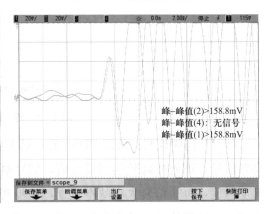

图 4-14　横向定位图　　　　　　　　　　图 4-15　横向定位波形

2）定位结论。定位位置在 1 号主变压器 10kV 母排 A 相，母排一处固定螺栓松脱导致的悬浮电位放电，如图 4-16 所示。

图 4-16　A 相架空母排螺栓松脱放电

4.3.3　经验体会

（1）特高频法能够精确定放电发生的位置，为设备异常诊断以及制订检修策略提供依据。

（2）当用一种局部放电检测方法检测到疑似放电信号时，宜采用多种手段进行相互验证。

4.4 中卫 330kV 变电站 330kV 电压互感器在线监测装置安装错误缺陷

▶▶设备类别：【电压互感器】

▶▶单位名称：【国网宁夏电力公司电力科学研究院】

▶▶技术类别：【相对介质损耗因数及电容量比值带电测试】

4.4.1 案例经过

国网宁夏电力公司中卫 330kV 变电站 2 号主变压器 330kV 侧电压互感器，由无锡日新电机有限公司生产，型号为 WVL2‑330‑5H，额定电压为 $330/\sqrt{3}$ kV，总额定容量为 5000pF，出厂日期为 2004 年 8 月，2004 年 12 月投入运行。其在线监测装置于 2012 年投入运行。

2013 年 8 月，进行 330kV 容性设备相对介质损耗因数及电容量比值带电测试时，发现该电压互感器介质损耗及电容量测试结果异常。经过与其余间隔电压互感器数据及接线形式对比发现，该间隔电压互感器在线监测装置安装错误。

4.4.2 检测分析

该电压互感器未安装相对介质损耗因数及电容量比值带电测试信号取样单元。本次测试，利用在线监测装置接线，采用高精度钳形电流传感器检测电流进行。图 4‑17 为电压互感器介质损耗因数及电容量在线监测装置。由于该变电站 330kV 容性设备之间距离较远，受测试环境限制，采用绝对测量法进行测试。即通过安装在设备末屏接地线上的在线监测装置接线和电压互感器二次端子分别获取被试设备的末屏接地电流信号和二次电压信号，从而获得被试设备介损损耗因数和电容量。

2 号主变压器 330kV 侧 A、B、C 三相电压互感器测试结果分别为：A 相介质损耗 0.360%，电容量 231.8pF；B 相介质损耗 1.142%，电容量 227.2pF；

图 4‑17　在线监测装置

C 相介质损耗 1.688%，电容量 265.3pF。接地电流分别为 14.62、14.32、16.70mA。根据试验结果，2 号主变压器 330kV 侧 B、C 相电压互感器介质损耗值严重超标，A、B、C 三相电压互感器测得电容量值与铭牌值（5000pF）差异极大，且其接地电流与铭牌计算值同样差异极大（根据其铭牌参数，利用公式 $I = U2\pi fC$，其接地电流应为 290mA 左右）。其余间隔电压互感器测试结果正常。考虑到仅该间隔三相设备同时出现同样问题的可能性较小，且该间隔电压互感器运行及历次检修过程中未见异常。对比其他间隔同型号设备，进行结构分析。对比检查确认 2 号主变压器间隔电压互感器引入在线监测装置引下线接线方式与其余设备不同，该设备接线为两点接地方式，其余设备均为单点接地方式。初步判定该间隔电压互感器接地引下线因两点接地导致两个接地点分别流入部分电流，未将全部接地电流引入在线监测装置，造成测量结果异常。2 号主变压器间隔及其余间隔在线监测装置接线方式如图 4-18、图 4-19 所示。

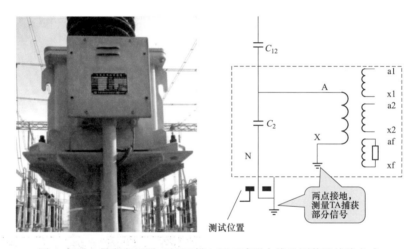

图 4-18　2 号主变压器 330kV 侧电压互感器在线监测装置接线方式

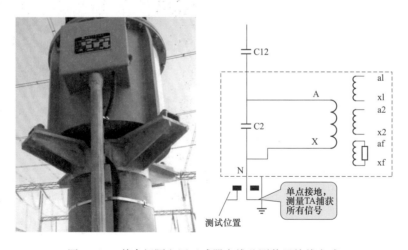

图 4-19　其余间隔电压互感器在线监测装置接线方式

分别测量 2 号主变压器间隔电压互感器两根接地电流引下线接地电流。A 相测试结果分别为 14、280mA，B 相测试结果分别为 14、279mA，C 相测试结果分别为 16、278mA。其相加结果均为 290mA 左右，符合计算结果，且与该站同型号设备测试结果基本相同。有效验证了之前对测试结果异常的判断。

4.4.3 经验体会

电容式电压互感器接地电流引下线具有单点接地、两点接地两种不同的接线方式。当采取两点接地的接线方式时，两个接地点分别流过部分接地电流，进行相关测试时，通常无法捕获全部信号。容性设备在线监测装置的安装及带电检测位置的选取应考虑设备的结构、接线方式等造成的影响，否则测量数据不具备有效性。

4.5 西吉 110kV 变电站 1 号主变压器低压侧墙套管发热缺陷

▶▶设备类别：【套管】
▶▶单位名称：【国网固原供电公司】
▶▶技术类别：【红外成像检测】

4.5.1 案例经过

2016 年 6 月 21 日，按照国网宁夏电力公司关于开展迎峰度夏期间开关柜专项巡视和带电检测工作的紧急通知和《国家电网公司输变电设备状态检修试验规程》，对西吉 110kV 变电站 1 号主变压器进行红外热像检测，发现 1 号主变压器 10kV 侧套管存在过热缺陷，处理后温度正常。

4.5.2 检测分析

对西吉 110kV 变电站 1 号主变压器进行红外热像检测，发现 1 号主变压器 10kV 侧套管热点温度 76.6℃，如图 4 - 20 所示。

依据带电设备红外诊断应用规范 DL/T 664—2016《带电设备红外诊断应用规范》附录 A 套管柱头热点温度大于等于 55℃，该缺陷为电流致热型严重缺陷需及时停电处理。

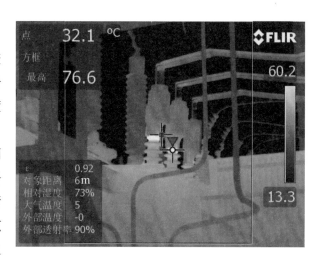

图 4 - 20　发热红外图

4.5.3 处理及分析

国网固原供电公司变电检修工作人员于 2016 年 6 月 23 日 13 点 10 分到达现场，将西吉 110kV 变电站 1 号主变压器申请临时停电，对 1 号主变压器 10kV 侧套管接线桩头接线板进行解体检修，发现接线板接触面氧化严重，检修人员对接线板进行打磨处理，涂抹导电膏，并紧固螺栓，17 时 56 分西吉 110kV 变电站 1 号主变压器故障处理完毕，设备正常运行。如图 4-21、图 4-22 所示。

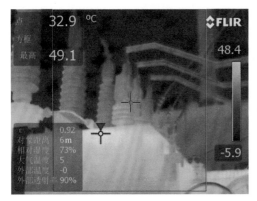

图 4-21　处理后红外图　　　　　　图 4-22　可见光图片

4.5.4 经验体会

（1）加强设备巡视，进行红外测温，建立红外图库，对检修决策提供良好的数据支持。

（2）红外测温可以发现设备发热等缺陷，但要通过不断的经验积累，有效排除干扰，准确判断设备缺陷，避免事故的发生。

（3）要加强对固原地运行设备红外测温，防止此类异常情况发展成故障，影响电网的安全运行。

4.6 东山 220kV 变电站 220kV 电流互感器内部缺陷

▶▶设备类别：【电流互感器】

▶▶单位名称：【国网宁夏电力公司电力科学研究院、国网银川供电公司】

▶▶技术类别：【油色谱、相对介损检测】

4.6.1 案例经过

2014 年 5 月 28 日，东山 220kV 变电站 1 号主变压器 220kV 侧 10201A 相电流互

感器绝缘油进行例行试验时发现，电流互感器绝缘油氢气和总烃均超出注意值。随后对其绝对产气速率计算值、相对介质损耗因数测量值进行分析，判断该电流互感器严重缺陷。然而经解体检查未发现主屏、绕组等结构或组装不当引起的明显缺陷，推测故障原因为绝缘油中所产生气体量大，在绝缘油中溶解气体饱和，会形成气泡存在于油中，由于气泡的存在，在绝缘油内本应该均衡的电场内形成极不均匀电场，易发生击穿形成电弧放电，电弧的能量进一步使绝缘油分解为气体，形成恶性循环。

4.6.2 检测分析

1. 特征气体分析

对比近几年来 A 相 TA 绝缘油气相色谱数据见表 4-1，A 相互感器氢气、总烃均有明显增长，且均超过检修规程中注意值，初步判定该设备存在内部故障，可能是绝缘油过热、油中出现电弧、油纸绝缘中出现局部放电电弧等故障类型。

表 4-1 　　　　　　　　　　　　　色 谱 分 析 数 据 　　　　　　　　　　　　μL/L

试验日期	H_2	CO	CO_2	CH_4	C_2H_6	C_2H_4	C_2H_2	总烃
2009-5-25	52.82	245.00	362.37	1.95	0.68	0.32	0.00	2.95
2011-9-27	62.14	299.26	512.76	3.08	0.42	1.93	0.08	5.51
2014-5-28	13315.85	307.52	478.00	929.63	96.49	0.80	0.74	1027.66
2014-5-29	13031.62	340.38	466.98	972.71	104.57	0.93	0.80	1079.01

2. 改良三比值法分析

使用改良三比值法初步判断该电流互感器的故障类型，改良三比值法是用 C_2H_2、C_2H_4、CH_4、H_2、C_2H_6 中气体的三对比值以不同的编码表示出来（见表 4-2），依据编码规则得到故障类型代码为 110，而且故障类型为低能量放电故障。可能为引线对电位未固定部件之间的连续火花放电、不同电位之间的油中火花放电或悬浮电位之间的火花放电等原因。

表 4-2 　　　　　　　　　　　改良三比值法计算结果表

日期	C_2H_2/C_2H_4		CH_4/H_2		C_2H_4/C_2H_6	
	比值	编码	比值	编码	比值	编码
2014-5-28	0.925	1	0.070	1	0.008	0
2014-5-29	0.860	1	0.075	1	0.009	0

综合特征气体分析法和改良三比值法分析结论可得出故障的共同点：①该电流互感器故障类型为低能量放电；②该电流互感器绝缘油内有电弧放电。

3. 故障严重程度

为确定该台电流互感器应采取的处理方式，对其故障严重程度进行分析，非常有必要。本文采用绝对产气速率计算值和相对介质损耗因数测量值方法分析其故障严重程度，为该故障的处理方案提供指导思想。

（1）绝对产气速率。从表4-1中色谱分析数据可见，2014年5月28日和5月29日TA中变压器油溶解氢气和总烃均超过注意值。考虑到2011年距离2014年时间间隔较长，且2011年各项数据均没超注意值，不确定具体出现故障的时间，本文计算绝对产气速率使用2014年的数据。

绝对产气速率即每运行日产生某种气体的平均值，按 $\gamma_a = \dfrac{C_{i2} - C_{i1}}{\Delta t} \times \dfrac{G}{\rho}$ 计算，计算结果见表4-3。

表4-3			绝对产气速率表				mL/d
气体种类	H_2	CO	CO_2	CH_4	C_2H_6	C_2H_4	C_2H_2	总烃
计算值	−96.9	11.2	−3.76	14.69	2.75	0.044	0.02	17.51

从表4-3中所计算的各种气体的绝对产气速率可知，总烃绝对产气速率已远远超过6mL/d注意值，因此，可判断该台电流互感器有故障，而且略严重。

（2）相对介质损耗因数。利用相对介质损耗因数分析故障严重程度，对10201 A相电流互感器进行带电检测。对A、B、C三相电流互感器进行介质损耗因数计算值和相对介质损耗因数测量值分析表4所示，采用同相异类设备进行相对介质损耗因数测量，测得相对介质损耗因数A、B两相电流互感器结果均大于规定的0.003的注意值且A相电流互感器相对介质损耗因数值更大，介质损耗因数计算值中B、C两相电流互感器介质损耗因数在合理范围值内，但A相电流互感器介质损耗因数超出注意值0.008。故判断A相电流互感器存在故障，应进行例行检修或试验。

表4-4	相对介质损耗因数试验结果表					
项 目	10201 电流互感器			10212 电流互感器		
	A	B	C	A	B	C
介质损耗因数停电测试结果	—	—	—	0.256%	0.251%	0.267%
介质损耗因数计算结果	1.256%	0.641%	0.507%	—	—	—
相对介质损耗因数测试结果	1.000%	0.390%	0.240%	—	—	—

注 红字为异常数据。

4.6.3 处理及分析

2014年6月5日，国网银川供电公司组织湖南电力电瓷电器厂技术人员、国网宁夏电力公司电力科学研究院评价中心人员，在试验大厅对故障产品进行解体检查，如图4-23所示。

解体检查没有发现明显的放电痕迹，由于局部放电已产生氢气，形成气泡，在电网中由于工况变化（如负荷、气候），互感器内部油流速度、气泡大小也发生变化，可

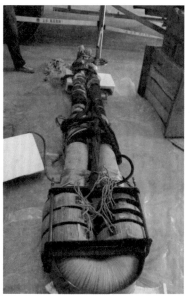

图 4-23 解体检查

多次触发气泡放电，累积到一定程度，这样就产生更多的氢气，局部放电进一步增大，这样恶性循环，导致氢含量异常增高。

4.6.4 经验体会

电流互感器带电检测可以借助油色谱检测及相对介质损耗及电容量测试进行综合分析，必要时利用高频局部放电进行放电性质判断，能有效发现设备内部缺陷。

4.7 固原330kV变电站35kV 2号电抗器红外发热缺陷

▶▶设备类别：【电抗器】

▶▶单位名称：【国网固原供电公司、国网宁夏电力公司电力科学研究院】

▶▶技术类别：【红外成像检测】

4.7.1 案例经过

2016年3月11日，国网固原供电公司电气试验班在对固原330kV变电站进行红外检测过程中，在发现固原330kV变电站35kV 2号电抗器三相尾端线夹温度高达110.31℃，存在异常发热现象，设备图片如图4-23所示。国网宁夏电力公司电力科学研究院进行紫外成像和高频测试的人员进行了复测确认，确定该处存在较严重的发热现象。2016年3月11日进行停电处理，处理后测试发热现象消除。

图 4-24　35kV 2 号电抗器尾端三相
发热可见光图片

4.7.2　检测分析方法

检测人员通过广州飒特 HY - S280 红外热像仪发现固原 330kV 变电站 35kV 2 号电抗器三相尾端线夹温度异常的红外图像如图 4-25 所示；而正常两相 35kV 2 号电抗器 A、B 相尾端线夹温度红外图像如图 4-26、图 4-27 所示。选择与被检测线夹相似物理属性的构架扁铁作为环境参照体，其温度如图 4-28 所示。

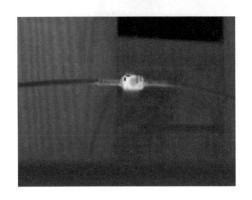

图 4-25　2 号电抗器三相尾端线夹红外图像

图 4-26　2 号电抗器 A 相尾端
引出线夹红外图像

图 4-27　2 号电抗器 C 相尾端
引出线夹红外图像

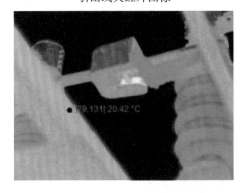

图 4-28　环境温度参照体红外图像

通过图 4-25～图 4-28 可以发现 2 号电抗器三相尾端线夹发热出温度高达 110.31℃，2 号电抗器 A 相尾端引出线夹为 35.08℃，C 相尾端引出线温度为 30.76℃，选择的环境温度参照体，其温度为 20.42℃。该发热点最大温差为最大温差为 79.55℃，相对温差为 88.5%。该热点属于电流致热型设备，根据 DL/T 664—2016

《带电设备红外诊断应用规范》及现场实际情况，该点最大温度大于110℃，所以判定该缺陷为危急缺陷。

4.7.3 处理及分析

国网固原供电公司于2016年3月11日对2号电抗器三相尾端线夹进行停电处理，检修人员对线夹进行了解体，解体后线夹如图4-29所示。

检测人员在处理投运后4h进行了跟踪测温，如图4-30所示，发热缺陷已消除。

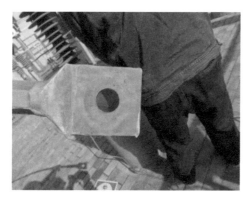

图4-29 处理前三相尾端线夹   图4-30 处理后线夹红外图像

原因分析：该线夹螺帽有点松动，且线夹接触面存在氧化，线夹相互接触处接触不良，造成该处接触电阻增大，且负荷电流达455A，使该点温度较高。

4.7.4 经验体会

（1）红外测温属于一种非接触式的检测手段，其可以在不停电的情况下对设备进行分析判断，可更准确地判断设备的缺陷类型，给出相关检修决策，减少了不必要的停电时间，又可以掌握设备实际状况。

（2）电气设备连接线夹时承担负荷电流的关键部位，其接触处必存在接触电阻，随着负荷电流的增大，接触电阻过大会造成发热，所以检修人员在检修后应对其进行打磨剖光，安装时涂抹导电膏使其接触良好，紧固螺栓时要控制好紧固力度。

（3）该缺陷属于电流型发热缺陷，同类型发热缺陷频发，还需继续加强测温监测。

参 考 文 献

[1] 刘洪正．高压组合电器［M］．北京：中国电力出版社，2014．

[2] 彭江，程序，刘明，等．电网设备带电检测技术［M］．北京：中国电力出版社，2014．

[3] 张国光．电气设备带电检测技术及故障分析［M］．北京：中国电力出版社，2015．

[4] 胡泉伟，张亮，吴磊，等．GIS中自由金属颗粒缺陷局部放电特性的研究［J］．陕西电力，2012，(1)：1-4．

[5] 张仁像，等．高电压试验技术［M］．北京：清华大学出版社，2002．

[6] 金立军，刘卫东．GIS金属颗粒局部放电的实验研究［J］．高压电器，2002，38（3）：10-13．

[7] 姚勇，岳彦峰，黄兴泉．GIS超高频/超声波局放检测方法的现场应用［J］．高电压技术，2008，34（2）：422-424．

[8] 裴斌斌，郭灿新，等．基于超声的局放检测系统［J］．电工技术，2009，11（3）：43-44．

[9] 谢彭盛，王亦平，孟可风，等．超声波法和超高频法在拉西瓦水电站GIS现场试验中的应用［J］．水利水电，2009，35（11）：63-65．

[10] 朱海涛，刘晓华，等．750kV GIS隔离开关内部局放检测及诊断分析［J］．高压电器，2010，46（8）：6-8．

[11] 王达达，魏杰，于虹，等．X射线数字成像对GIS设备的无损检测［J］．云南电力技术，2002，40（2）：8-10．

[12] 刘阳，赵建平，闫斌，等．X射线数字成像在GIS设备检测中的应用［J］．新疆电力技术，2013，117（2）：21-23．

[13] 强天鹏．射线检测［M］．北京：中国劳动社会保障出版社，2007．

[14] 马飞越，刘威峰，李奇超，等．超声波局部放电检测在GIS自由颗粒缺陷检测中的应用［J］．宁夏电力，2016（5）：44-48．

[15] 刘泽洪．气体绝缘金属封闭开关设备（GIS）质量管理与统计［M］．北京：中国电力出版社，2014．

[16] 龚尚昆，陈绍艺，周舟，等．局部放电中的SF_6分解产物及其影响因素研究［J］．高压电器，2011，47（8）：48-51．

[17] 葛猛，陶安培．一起SF_6封闭式组合电器故障的原因分析［J］．高压电器，2008，44（1）：95-96．

[18] 陈晓清，彭华东，任明，等．SF_6气体分解产物检测技术及应用情况［J］．高压电器，2010，46（10）：81-84．

[19] 肖荣，徐澄．220kV GW6型隔离开关导电回路过热故障分析及处理［J］．高压电器，2013，49（1）：107-110．